应用型本科规划教材
电气工程及其自动化

MATLAB-BASED SIMULATIONS FOR POWER ELECTRONICS

MATLAB 与电力电子系统仿真

袁庆庆　符　晓

罗　骅　夏　鲲

·编著·

上海科学技术出版社

国家一级出版社
全国百佳图书出版单位

内 容 提 要

本书系上海市应用型本科专业建设立项规划教材,是电力电子技术及电力电子电路仿真课程的配套教材,也可作为电力拖动自动控制系统等课程的辅助参考书。

全书定位于 MATLAB 在电力电子系统中的仿真应用,内容涵盖整流电路、直流斩波电路、逆变电路以及部分实际应用广泛的典型电力电子电路,如 PWM 整流器、多电平逆变器、交直流电力拖动系统等的仿真设计。学生通过学习本书,可较快入门电力电子系统的仿真设计,并有助于相关理论知识的消化及实践能力的锻炼。本书为方便教学和学习,在出版社网站(www.sstp.cn)"课件/配套资源"栏目,提供免费教学资源包(各章课件、仿真代码、仿真模型、课程考试试卷等),供读者参考。

本书可作为高等院校电气工程及其自动化专业本科学生及相关专业研究生的教材,也可作为电气工程技术人员的参考书。

图书在版编目(C I P)数据

MATLAB 与电力电子系统仿真 / 袁庆庆等编著. -- 上
海 : 上海科学技术出版社, 2021.3 (2024.3 重印)
　应用型本科规划教材. 电气工程及其自动化
　ISBN 978-7-5478-5239-2

　Ⅰ. ①M… Ⅱ. ①袁… Ⅲ. ①电力电子技术—系统仿
真—Matlab软件—高等学校—教材 Ⅳ. ①TM1-39

中国版本图书馆CIP数据核字(2021)第029576号

MATLAB 与电力电子系统仿真

袁庆庆　符　晓　罗　桦　夏　鲲　编著

上海世纪出版(集团)有限公司
上 海 科 学 技 术 出 版 社　　出版、发行
(上海市闵行区号景路 159 弄 A 座 9F - 10F)
邮政编码 201101　www.sstp.cn
常熟市华顺印刷有限公司印刷
开本 787×1092　1/16　印张 12
字数:300 千字
2021 年 3 月第 1 版　2024 年 3 月第 5 次印刷
ISBN 978 - 7 - 5478 - 5239 - 2/TM·70
定价:55.00 元

丛书前言

————

    20 世纪 80 年代以后,国际高等教育界逐渐形成了一股新的潮流,那就是普遍重视实践教学、强化应用型人才培养。我国《国家教育事业"十三五"规划》指出,普通本科高校应从治理结构、专业体系、课程内容、教学方式、师资结构等方面进行全方位、系统性的改革,把办学思路真正转到服务地方经济社会发展上来,建设产教融合、校企合作、产学研一体的实验实训实习设施,培养应用型和技术技能型人才。

    近年来,国内诸多高校纷纷在教育教学改革的探索中注重实践环境的强化,因为人们已越来越清醒地认识到,实践教学是培养学生实践能力和创新能力的重要环节,也是提高学生社会职业素养和就业竞争力的重要途径。这种教育转变成具体教育形式即应用型本科教育。

    根据《上海市教育委员会关于开展上海市属高校应用型本科试点专业建设的通知》(沪教委高〔2014〕43 号)要求,为进一步引导上海市属本科高校主动适应国家和地方经济社会发展需求,加强应用型本科专业内涵建设,创新人才培养模式,提高人才培养质量,上海市教委进行了上海市属高校本科试点专业建设,上海理工大学"电气工程及其自动化"专业被列入试点专业建设名单。

    在长期的教学和此次专业建设过程中,我们逐步认识到,目前我国大部分应用型本科教材多由研究型大学组织编写,理论深奥,编写水平很高,但不一定适用于应用型本科教育转型的高等院校。为适应我国对电气工程类应用型本科人才培养的需要,同时配合我国相关高校从研究型大学向应用型大学转型的进程,并更好地体现上海市应用型本科专业建设立项规划成果,上海理工大学电气工程系集中优秀师资力量,组织编写出版了这套符合电气工程及其自动化专业培养目标和教学改革要求的新型专业系列教材。

    本系列教材按照"专业设置与产业需求相对接、课程内容与职业标准相对接、教学过程与生产过程相对接"的原则,立足产学研发展的整体情况,并结合应用型本科建设需要,主要服务于本科生,同时兼顾研究生夯实学业基础。其涵盖专业基础课、专业核心课及专业综合训练课等内容;重点突出电气工程及其自动化专业的理论基础和实操技术;以纸质教材为主,同时注重运用多媒体途径教学;教材中适当穿插例题、习题,优化、丰富教学内容,使之更满足应用型电气工程及其自动化专业教学的需要。

希望这套基于创新、应用和数字交互内容特色的教材能够得到全国应用型本科院校认可,作为教学和参考用书,也期望广大师生和社会读者不吝指正。

丛书编委会

前　言

　　为了进一步引导电气工程及其自动化本科专业主动适应经济社会发展需求,结合应用型本科高等教育的建设要求,明确和凝练电气工程及其自动化的专业特色,上海市教育委员会开展了应用型本科专业项目建设。项目以现代工程教育的"成果导向教育"为指导,聚焦加强应用型本科内涵建设,创新人才培养模式,提高人才培养质量,最终实现构建专业工程应用教育培养体系。本教材即根据上海市应用型本科专业建设项目所通过的教材规划编写而成。

　　电力电子技术是高等院校电气工程及其自动化、自动化专业的专业基础课程,是一门理论与实践并重的核心课程。本教材作为电力电子技术及电力电子电路仿真课程的配套仿真实践课程教材,主要特色如下:

　　1. 根据电力电子技术发展和电气类职业能力需求进行撰写。

　　2. 教材内容既包括基础的电力电子系统仿真,如以晶闸管为器件的整流电路仿真等,也结合了现代电力电子技术的发展和应用方向。

　　3. 教材结合当前电力电子技术发展趋势,选取 PWM 整流器、隔离型全桥直流变换器、空间矢量脉宽调制、多电平逆变器以及三种常用的电力拖动技术等应用技术进行仿真介绍,将基础理论与应用实践要求紧密结合在一起。

　　与国内同类教材相比,本教材完全聚焦电力电子系统仿真,着重介绍实际应用广泛的电力电子系统的模型搭建。教材从强化培养实践能力、掌握实用技术的角度出发,较好地体现了当前新的专业发展热点,对学生胜任电气工程领域的技术开发、生产制造等工作有直接的帮助。

　　本教材包括 5 章:第 1 章对 MATLAB/Simulink 仿真环境及电力系统仿真模块 SimPowerSystems 进行了介绍;第 2 章介绍了以晶闸管为器件的单相、三相整流电路,以及以全控型 IGBT 为器件的三相 PWM 整流器的仿真设计;第 3 章介绍了典型直流斩波电路的仿真设计,并给出了直流 PWM 调制方法;第 4 章以两电平逆变器为例介绍了方波、正弦波及空间矢量脉宽调制方法,并给出了二极管钳位型三电平逆变器、H/NPC 型和 MMC 型多电平逆变器的仿真介绍;第 5 章介绍了交直流拖动系统常用控制方法。此外,为便于读者学习,附录给出了部分仿真的源代码。

　　本教材作者团队既包含长期从事电力电子技术理论和仿真课程教学的一线教师,也有经验丰富的 MATLAB 高级应用工程师。教材定位于将应用型人才培养与实践能力培养相结合,将电气工程及其自动化专业定位与职业能力要求密切结合。教材由上海理工大学电气工程系袁庆庆、罗烨、夏鲲及企业专家符晓博士共同编写,全书由袁庆庆统稿。

　　限于作者水平,书中难免存在不妥和错误之处,希望读者予以批评指正。

作者

目　录

第 1 章

绪　论

本章内容

　　本章首先介绍了 MATLAB 仿真软件的功能特点，接着重点介绍了电力电子系统仿真所需的 Simulink 仿真环境和 SimPowerSystems 模型库，最后针对后续章节用到的常用模块进行介绍，便于读者在进行电力电子系统 MATLAB 仿真之前对所用仿真环境有个全面了解。

本章特点

　　本章介绍了 MATLAB 软件、Simulink 仿真环境及 SimPowerSystems 模型库的基本情况，为后续章节中仿真环境的应用奠定基础。

1.1　MATLAB 仿真软件简介

MATLAB 是美国 MathWorks 公司推出的一款商业数学软件,在数值运算、数据分析、图像处理与机器视觉、信号处理、金融管理、机器人、控制系统等众多领域都有着广泛应用。"MATLAB"的原意是"矩阵实验室",MATLAB 仿真软件主要面对科学运算、可视化以及交互式程序设计的高科技计算环境。它将数值分析、矩阵计算、科学数据可视化以及非线性动态系统的建模和仿真等诸多强大功能集成在一个易于使用的视窗环境中,为科学研究、工程设计以及必须进行有效数值计算的众多科学领域提供了一种全面的解决方案,并在很大程度上摆脱了传统非交互式程序设计语言的编辑模式。此外,MATLAB 仿真软件针对许多专业领域开发了功能强大的模块集和工具箱,比如神经网络、信号处理、图像处理、金融分析、实时快速原型及半物理仿真、嵌入式系统开发、DSP 与通信、电力系统仿真等,为用户提供了大量方便的处理工具和实用的仿真案例。

本教材就是基于 MATLAB 软件的 Simulink 仿真环境,主要利用电力系统仿真工具箱 SimPowerSystems 进行典型电力电子系统的仿真介绍,内容包括整流电流、直流斩波电路、逆变电路以及一些目前实际应用广泛的典型电力电子电路。全书以 MATLAB R2015b 版本为例,从电力电子系统仿真环境、常用仿真模块库出发,在介绍各类典型应用电路工作原理的基础上,对仿真模型搭建、仿真结果分析进行了详细介绍,从而深入浅出地为读者提供了一个电力电子系统 MATLAB 仿真的应用体系。

1.2　Simulink 环境简介

Simulink 是美国 MathWorks 公司 MATLAB 软件中的一种可视化仿真工具。它是一个模块化仿真环境,支持系统设计、仿真、自动代码生成以及嵌入式系统的测试与试验。Simulink 提供图形编辑器,同时支持自定义模块库及求解器,能够进行动态系统建模和仿真;它能与 MATLAB 相集成,能将 MATLAB 算法融入模型,还能将仿真结果导出至 MATLAB 做进一步处理分析。Simulink 仿真应用领域涵盖了汽车、航空航天、工业自动化、大型建模、复杂逻辑和信号处理等各方面。

1.2.1　打开 Simulink 的方式

从 MATLAB 中进入 Simulink 仿真环境的方式有以下几种:

(1) 在 MATLAB 主界面(图 1 - 1)的工具栏菜单上单击按钮 ▦ ,即可打开 Simulink 模型库浏览器窗口界面,如图 1 - 2 所示。在打开的 Simulink 模型库浏览器窗口菜单栏上单击按钮 ▦▴ ,选择"New Model"选项,即可进入 Simulink 仿真环境,如图 1 - 3 所示。

(2) 在 MATLAB 主界面的命令窗口输入"simulink"后回车,也可进入 Simulink 模型库浏览器窗口,进而进入 Simulink 仿真环境。

(3) 在 MATLAB 主界面菜单栏上单击"New",并在对应的下拉菜单中选择"Simulink Model",即可进入图 1 - 3 所示 Simulink 仿真环境;单击菜单栏按钮 ▦ ,同样可以进入图 1 - 2 所示 Simulink 模型库浏览器窗口。

图 1 - 2 所示 Simulink 模型库浏览器窗口界面中包含了各种功能模块,可满足不同专业、不同功能要求的仿真,这也是 MALTAB/Simulink 仿真功能的强大所在。其中,Simulink 模

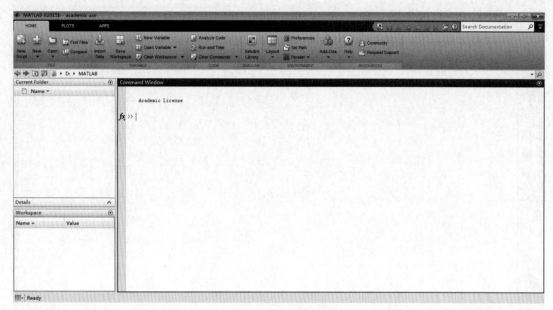

图 1-1 MATLAB 主界面

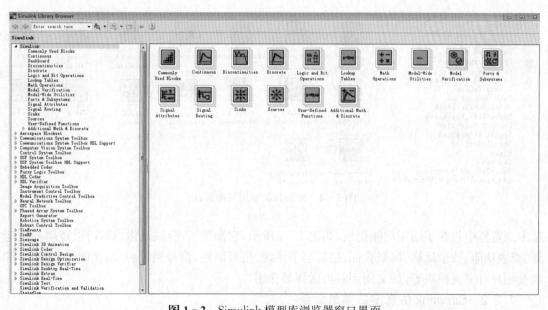

图 1-2 Simulink 模型库浏览器窗口界面

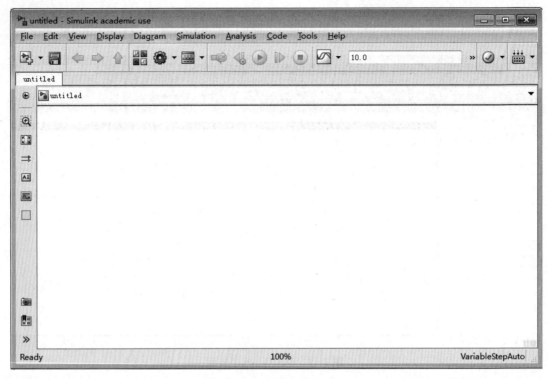

图 1-3 Simulink 仿真窗口

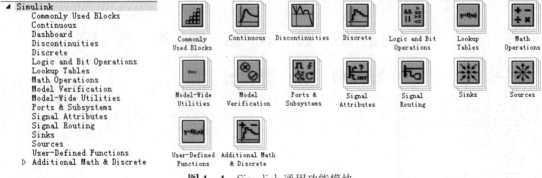

图 1-4 Simulink 通用功能模块

型库浏览器中包含了通用功能模块,如图 1-4 所示,它涵盖了连续、离散、非线性、逻辑与位运算、查表功能、数学运算、模型验证、接口与子系统、信号属性、信号路径、显示功能、控制新号源以及用户自定义模块等,后文用到时再做详细介绍。

1.2.2 Simulink 仿真窗口菜单命令

图 1-3 所示 Simulink 仿真窗口涵盖的各项功能可通过其各菜单下的命令实现,主要命令总结见表 1-1~表 1-10。

1) File(文件)

File 菜单栏的各项命令及其对应功能整理见表 1-1。

表 1 - 1　File 菜单

命　　令	功　　能
New	新建各类 Simulink 窗口，如 Model、Chart 等
Open	打开已有模型文件
Close	关闭当前 Simulink 窗口
Save	保存当前模型文件
Save As	将当前模型文件另存为
Simulink Project	建立仿真工程
Source Control	源代码控制
Export Model to	导出模型文件
Reports	系统设计文档描述等
Model Properties	模型属性
Print	打印模型文件
Simulink Preference	Simulink 模型配置
Stateflow Preference	状态机配置
Exit MATLAB	退出 MATLAB 软件

2) Edit（编辑）

Edit 菜单栏的各项命令及其对应功能整理见表 1 - 2。

表 1 - 2　Edit 菜单

命　　令	功　　能
Undo	撤销前一次操作
Redo	恢复前一次操作
Cut	剪切选定的内容
Copy	复制选定的内容
Copy Current View to Clipboard	将当前窗口复制到剪贴板
Paste	粘贴
Paste Duplicate Import	粘贴输入
Select All	全部选定
Comment Through	允许模块运行
Comment Out	禁止模块运行
Delete	删除选定的内容

（续表）

命　令	功　能
Find	寻找目标的位置
Find Referenced Variables	查找所引用的变量
Find & Replace in Chart	查找并替换表中内容
Bus Editor	线路编辑器
Lookup Table Editor	查表编辑器

3）View（查看）

View 菜单栏的各项命令及其对应功能整理见表 1-3。

表 1-3　View 菜单

命　令	功　能
Library Browser	进入 Simulink 模型库浏览器
Model Explorer	汇总显示与该仿真文件有关的各种信息
Variant Manager	进入多功能管理界面
Simulink Project	加载仿真工程
Model Dependency Viewer	模型相关
Diagnostic Viewer	进入诊断查看界面
Requirements Traceability at This Level	当前环境下的信息追踪
Model Browser	模型浏览器
Viewmarks	记录或显示查看
Configure Toolbars	仿真设置界面
Toolbars	显示或隐藏工具栏
Status Bar	显示或隐藏状态栏
Explorer Bar	显示或隐藏资源管理器
Navigate	视图导视
Zoom	缩小或放大模型
Smart Guides	智能指南
MATLAB Desktop	返回 MATLAB 主界面

4）Display（显示）

Display 菜单栏的各项命令及其对应功能整理见表 1-4。

表 1 - 4　Display 菜单

命　　令	功　　能
Interface	显示或隐藏背景界面
Library Links	定义库链接
Sample Time	采样时间
Blocks	设置模块
Signals & Ports	信号与接口配置
Chart	表格设置
Simscape	Simscape 设置
Data Display in Simulation	数据显示设置
Stateflow Animation	状态动画配置
Highlight Signal to Source	高亮信号到信号源
Highlight Signal to Destination	高亮信号到目标
Remove Highlighting	取消所有高亮标注
Hide Markup	隐藏标记

5）Diagram（图像）

Diagram 菜单栏的各项命令及其对应功能整理见表 1 - 5。

表 1 - 5　Diagram 菜单

命　　令	功　　能
Refresh Blocks	刷新模块
Subsystem & Model Reference	子系统和模型参考
Format	格式设置
Rotate & Flip	旋转和翻转
Arrange	布局设置
Mask	封装设置
Library Link	库链接
Signals & Ports	信号与接口
Block Parameters	模块参数
Properties	属性

6）Simulation（仿真）

Simulation 菜单栏的各项命令及其对应功能整理见表 1 - 6。

表 1-6 Simulation 菜单

命　令	功　能
Update Diagram	更新模型框图
Model Configuration Parameters	模型仿真参数设置
Mode	仿真模式设置
Data Display	数据显示
Stateflow Animation	状态动画
Fast Restart	快速重启
Step back	退一步
Run	运行仿真
Step Forward	进一步
Stop	停止仿真
Output	输出
Stepping Options	步进仿真设置
Debug	编译

7）Analysis(分析)

Analysis 菜单栏的各项命令及其对应功能整理见表 1-7。

表 1-7 Analysis 菜单

命　令	功　能
Model Advisor	模型检查规则
Model Dependencies	模型依赖项
Compare Simulink XML Files	比较 Simulink XML 文件
Simscape	Simscape 模块
Performance Tools	性能分析工具
Requirements Traceability	需求跟踪
Control Design	控制设计
Parameter Estimation	参数估计
Response Optimization	响应优化分析
Design Verifier	测试案例分析
Coverage	代码覆盖率分析
Fixed-Point Tool	定点运算工具

8）Code(代码)

Code 菜单栏的各项命令及其对应功能整理见表 1-8。

表 1 - 8 Code 菜单

命　令	功　能
C/C++Code	C/C++代码
HDL Code	HDL 代码
PLC Code	PLC 代码
Data Objects	数据对象
External Mode Control Panel	外部控制模式面板
Simulink Code Inspector	仿真软件代码检查
Verification Wizards	验证手册
Polyspace	代码检测工具

9) Tools(工具)

Tools 菜单栏的各项命令及其对应功能整理见表 1 - 9。

表 1 - 9 Tools 菜单

命　令	功　能
Library Browser	模型库浏览器
Model Explorer	模型浏览器
Report Generator	仿真报告生成
MPlay Generator	MPlay 代码生成
Run on Target Hardware	目标硬件运行

10) Help(帮助)

Help 菜单栏的各项命令及其对应功能整理见表 1 - 10。

表 1 - 10 Help 菜单

命　令	功　能
Simulink	仿真帮助
Stateflow	状态机帮助
Keyboard Shortcuts	快捷键帮助
Web Resources	Web 资源
Terms of Use	使用条款
Patents	专利证书
About Simulink	关于仿真
About Stateflow	关于状态机

Simulink 仿真窗口除了上述菜单命令外，还包含一些常用的快速操作按钮，如新建模块功能、Simulink 模型库浏览器功能、仿真模型参数配置功能、仿真时间设置、目标代码生成功能等。这些按钮在实际使用中可帮助配置仿真环境、方便仿真运行等。

1.3 SimPowerSystems 模块库简介

SimPowerSystems 是进行电力电子系统仿真的常用工具之一，它关注器件的外特性，易于与控制系统相连接。SimPowerSystems 模块库中包含了电源、电感变压器等各类元器件、电力电子器件及模块、各类电机及其驱动模块、测量与控制模块。使用这些模块结合 Simulink 通用控制模块，即可进行电力电子电路系统、电力系统、电力拖动等的仿真。需要注意的是，SimPowerSystems 中的模块必须连接在电回路中，即模块中流通的是能量流；但 Simulink 通用控制模块必须连接在信号回路中，即模块中流通的是信号流，两者无法直接相连，须增加连接模块。

以下将针对 SimPowerSystems 模块库中的所有模块进行简单归类介绍，同时针对本书涉及的常用模块做详细介绍。

1.3.1 电源库

SimPowerSystems 中的电源库（Electrical Sources）包括交流电流源、交流电压源、可控电流源、可控电压源、直流电压源、三相电源和三相可编程电压源。下面分别以交流电压源、直流电压源和三相可编程电压源为例，进行模块配置介绍。

1）交流电压源（AC Voltage Source）

交流电压源的功能是为电回路提供理想交流正弦电压源，其模块及对应参数配置如图 1-5 所示，可设参数包括以下几种。

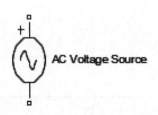

图 1-5 交流电压源模块及参数设置

(1) Peak amplitude(V)：交流电压峰值(V)。

(2) Phase(deg)：交流电压初始相位角(deg)。

(3) Frequency(Hz)：交流电压频率(Hz)。

(4) Sample time：信号采样时间，默认为 0。

(5) Measurements：测量选项，默认为"None"（无测量）。

2) 直流电压源(DC Voltage Source)

直流电压源的功能是为电回路提供理想直流电压源,其模块及对应参数配置如图1-6所示,可设参数包括以下几种。

(1) Amplitude(V):直流电压幅值(V)。

(2) Measurements:测量选项,默认为"None"(无测量)。

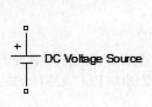
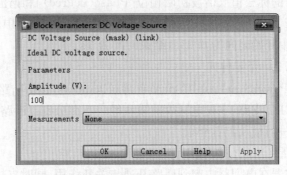

图1-6 直流电压源模块及参数设置

3) 三相可编程电压源(Three-Phase Programmable Voltage Source)

三相可编程电压源的功能是为电回路提供幅值、频率、相位以及谐波可设的三相交流电压源,其模块及对应参数配置如图1-7所示,可设参数包括以下几种。

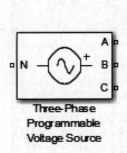
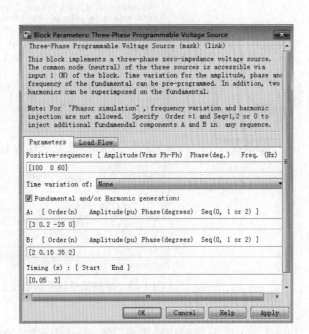

图1-7 三相可编程电压源模块及参数设置

(1) Positive-sequence[Amplitude(Vrms Ph-Ph)Phase(deg.)Freq.(Hz)]:正序分量设置,包括线电压有效值(V)、初始相位角(deg)和基波频率(Hz)。

(2) Time variation of:时变参数设置,默认为"None"(无突变),可选时变参数为幅值(Amplitude)、相位(Phase)和频率(Frequency)。当选择某一时变参数后会出现有关时变量的设置(Type of variation)，包括阶跃突变(Step)、斜坡突变(Ramp)、调制突变(Modulation)和按幅值表图表(Table of time-amplitude pairs)突变，在具体选择某一种突变时，可进一步设置突变起始时间、大小等。

（3）Fundamental and/or Harmonic generation：基波和/或谐波生成，可分别设置 A 相、B 相的谐波次数[Order(n)，当 n=1 时即为生成基波分量]、谐波幅值[Amplitude(pu)，为相对基波信号的标幺值]、谐波初始相位[Phase(degree)]和谐波相序[Seq(0，1 or 2)，0 为零序、1 为正序、2 为负序]，同时还可在 Timing(s)：[Start End]中设置基波和/或谐波的起始时间，如图 1-7 中开始时间为 0.05 s，结束时间为 3 s。

1.3.2　元器件库

SimPowerSystems 中的元器件库(Elements)包括断路器、分布式电缆、多种变压器、各类串并联 RLC 支路、三相电网故障模块等。下面分别以断路器、串联 RLC 支路和线性变压器模块为例，进行模块配置介绍。

1）断路器(Breaker)

断路器在电回路中起到回路开通与关断作用，同时支持外部与内部信号控制，其模块及对应参数配置如图 1-8 所示，可设参数包括以下几种。

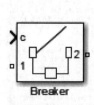

图 1-8　断路器模块及参数设置

（1）Initial status：断路器初始状态设置，为 0 表示初始断开，为 1 表示初始闭合。

（2）Switching times(s)：断路器开关时间设置，为从初始状态转变为另一状态的时间段，如当初始状态为 0 时，所设置时间段即代表 1，反之亦然。需要注意的是，开关时间设置只有在不勾选外部控制信号(External)时可设，当勾选外部控制信号时，图 1-8 所示断路器将变为两端口器件。

（3）Breaker resistance Ron(Ohm)：断路器闭合时等效电阻值，不可设置成 0。

（4）Snubber resistance Rs(Ohm)：断路器缓冲电阻，默认为 1e6，设置成 inf 则可忽略此电阻。

（5）Snubber capacitance Cs(F)：断路器缓冲电容，默认为 inf，设置成 0 则可忽略此电容。

（6）Measurements：测量选项，默认为"None"（无测量）。

此外，元器件库中还提供三相断路器模块（Three-Phase Breaker），可应用于三相系统中。

2）串联 RLC 支路（Series RLC Branch）

串联 RLC 支路在电回路中作为常见的一类负载使用，其模块及对应参数配置如图 1-9 所示，可设参数包括以下几种。

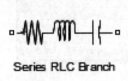

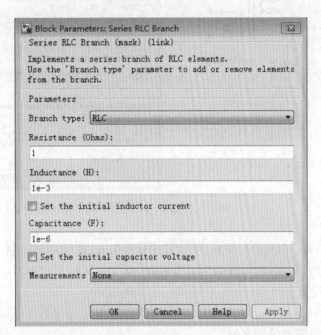

图 1 - 9 串联 RLC 支路模块及参数设置

（1）Branch type：支路类型，可设置成 R、L、C、RL、RC、LC、RLC 和开路等。

（2）Resistance(Ohms)：支路电阻值。

（3）Inductance(H)：支路电感值，通过勾选初始值选项（Set the initial inductor current）进行电感初始电流值设置。

（4）Capacitance(F)：支路电容值，通过勾选初始值选项（Set the initial capacitor voltage）进行电容初始电压值设置。

（5）Measurements：测量选项，默认为"None"（无测量）。

此外，元器件库中还提供并联 RLC 支路（Parallel RLC Branch）、串并联 RLC 负载（Series RLC Load、Parallel RLC Load）以及对应的三相串并联 RLC 支路及负载（Three-Phase Series RLC Branch、Three-Phase Series RLC Load、Three-Phase Parallel RLC Branch and Three-Phase Parallel RLC Load）。

3）线性变压器（Linear Transformer）

线性变压器在电回路中起到调节电压的作用，为单相变压器，其模块及对应参数配置如图 1-10 所示，可设参数包括以下几种。

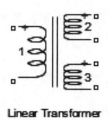

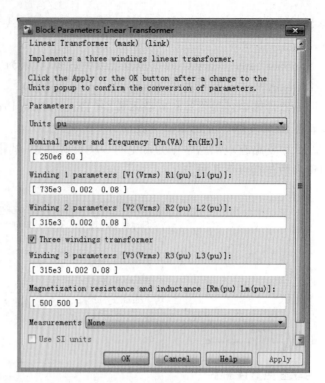

图 1-10 线性变压器模块及参数设置

（1）Units：单位设置，可设置成标幺值 pu 或国际单位制 SI。

（2）Nominal power and frequency［Pn(VA) fn(Hz)］：变压器额定功率（V·A）和频率（Hz）设置。

（3）Winding 1 parameters［V1(Vrms) R1(pu) L1(pu)］：原边绕组参数设计，包含电压有效值、电阻电感标幺值。

（4）Winding 2 parameters［V2(Vrms) R2(pu) L2(pu)］：副边绕组 1 参数设计，包含电压有效值、电阻电感标幺值。

（5）Winding 3 parameters［V3(Vrms) R3(pu) L3(pu)］：副边绕组 2 参数设计，包含电压有效值、电阻电感标幺值。

注意：当不勾选此项时，表示副边只有一套绕组。

（6）Magnetization resistance and inductance［Rm(pu) Lm(pu)］：磁化电阻电感值设置，标幺值。

（7）Measurements：测量选项，默认为"None"（无测量）。

此外，元器件库中还提供饱和变压器（Saturable Transformer）、各类三相变压器（Three-Phase Transformer 12 Terminals、Three-Phase Transformer Inductance Matrix Type 等）以及 Zigzag 移相变压器（Zigzag Phase-Shifting Transformer）、互感线圈（Mutual Inductance）等。

1.3.3 电机库

SimPowerSystems 中的电机库（Machines）包括直流电机（DC Machine）、多种异步电机（Asynchronous Machines）、多种同步电机（Synchronous Machines）以及步进电机（Stepper

Motor)、开关磁阻电机(Switched Reluctance Motor)等模块。下面以直流电机为例做电机配置介绍。

直流电机(DC Machine)模块如图 1-11 所示。电机本身还有 6 个端口：机械输入端口(可在 Mechanical input 中设置，为信号流)，测量输出端口(如图 1-12 所示，可实时读取电机运行的相关参数)，电枢回路端口 A＋、A－，励磁回路端口 F＋、F－。

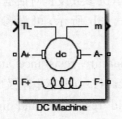

图 1-11 直流电机模块

```
Signals in the bus
    Speed wm (rad/s)
    Armature current ia (A)
    Field current if (A)
    Electrical torque Te (n m)
```

图 1-12 测量输出端口

直流电机参数设置包含配置及具体参数设置两个对话框，如图 1-13 所示。

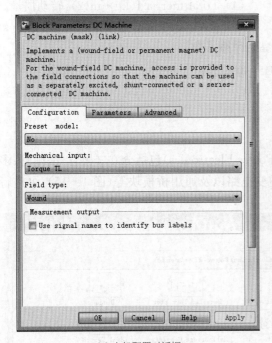

(a) 电机配置对话框

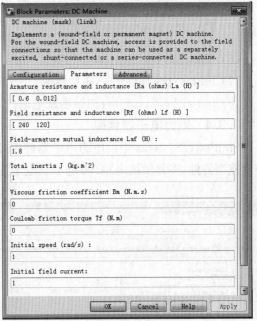

(b) 电机参数设置对话框

图 1-13 直流电机配置及参数设置对话框

1) 直流电机配置对话框

如图 1-13a 所示，可设参数包括以下几种。

(1) Preset model：预置模型，该功能中嵌入多种类型的电机模型供仿真选型，如图 1-14 所示。当选定某一电机类型时，"Parameters"对话框(图 1-13b)将显示对应电机参数，无法编辑；反之，当不选定某一电机类型时，可在"Parameters"对话框中输入实际电机参数进行仿真。

(2) Mechanical input：机械输入端口，支持转矩输入(Torque TL)，此时电机转速由电机转动惯量和转矩、负载同时决定；支持转速输入(Speed w)以及机械轴连接(Mechanical rotational port)。

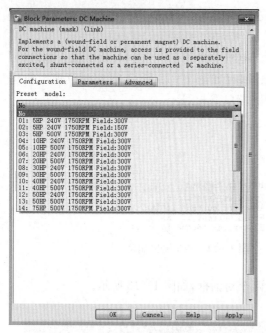

图 1 - 14　直流电机预置类型

（3）Field type：磁场类型，可设置为绕线型（Wound）或永磁型（Permanent magnet）。

（4）Measurement output：测量输出，可勾选"使用信号名称标识"选项（Use signal names to identify bus labels）。

2）直流电机参数设置对话框

如图 1 - 13b 所示，可设参数包括以下几种。

（1）Armature resistance and inductance［Ra（Ohms）La（H）］：电枢电阻及电感值。

（2）Field resistance and inductance［Rf（Ohms）Lf（H）］：励磁回路电阻及电感值。

（3）Field-armature mutual inductance Laf（H）：电枢回路、励磁回路互感值。

（4）Total inertia J（kg · m^2）：转动惯量。

（5）Viscous friction coefficient Bm（N · m · s）：黏滞摩擦系数。

（6）Coulomb friction torque Tf（N · m）：库仑摩擦转矩。

（7）Initial speed（rad/s）：初始转速。

（8）Initial field current：初始励磁电流。

1.3.4　电力电子器件库

SimPowerSystems 中的电力电子器件库（Power Electronics）包括分立二极管、晶闸管、多种全控型器件、多种斩波电路、两电平三电平逆变电路以及通用桥模块等（图 1 - 15），可进行

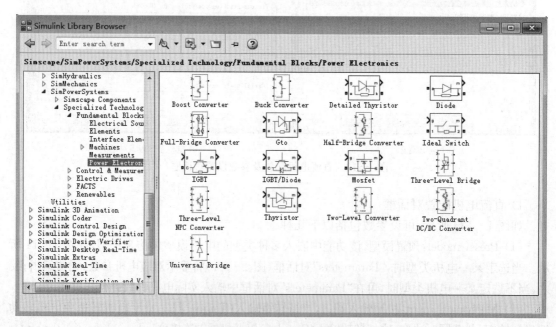

图 1 - 15　电力电子器件库

丰富的电力电子技术相关仿真。下面分别以晶闸管、绝缘栅双极性晶体管和通用桥模块为例，进行模块设置介绍。

1）晶闸管

晶闸管（Thyristor）是可控开通、不可控关断的半控型电力电子器件，对应模块如图 1-16 所示。其中，g 为器件门极，通信号流；a 为器件阳极，k 为器件阴极，通能量流；m 为输出显示端口，可显示器件两端电压及流过器件的电流值，通信号流。需要注意的是，在 SimPowerSystems 里面只考虑器件的输入输出特性，并不考虑器件的功率等级，但在实际应用时须根据需要进行器件选型。

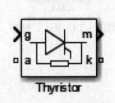

图 1-16　晶闸管模块

图 1-16 所示晶闸管模块所对应的内部结构如图 1-17 所示，对应的参数设置对话框如图 1-18 所示。可设参数包括以下几种。

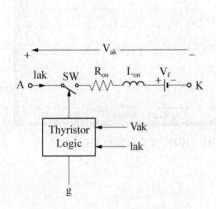

图 1-17　晶闸管模块的内部结构

图 1-18　晶闸管参数设置对话框

（1）Resistance Ron(Ohms)：晶闸管内部电阻。

（2）Inductance Lon(H)：晶闸管内部电感。

（3）Forward voltage Vf(V)：晶闸管正向电压，即导通压降。

（4）Initial current Ic(A)：初始电流值，默认为 0，即仿真从器件关断状态开始。

（5）Snubber resistance Rs(Ohms)：吸收电路电阻。

（6）Snubber capacitance Cs(F)：吸收电路电容。

（7）Show measurement port：勾选是否保留输出显示端口。

此外，电力电子器件库中还提供了更为详细的晶闸管模块（Detailed Thyristor）。

2）绝缘栅双极性晶体管

绝缘栅双极性晶体管（insulated gate bipolar transistor，IGBT）是一种使用广泛的全控型

图 1-19 IGBT 模块

电力电子器件，对应模块如图 1-19 所示。其中，g 为器件门极，通信号流；C 为集电极，E 为发射极，通能量流；m 为输出显示端口，可显示器件两端电压及流过器件的电流值，通信号流。

图 1-19 所示 IGBT 模块所对应的内部结构如图 1-20 所示，对应的参数设置对话框如图 1-21 所示。可设参数包括以下几种。

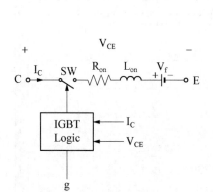

图 1-20　IGBT 模块的内部结构

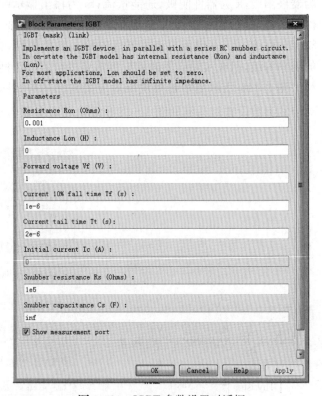

图 1-21　IGBT 参数设置对话框

（1）Resistance Ron(Ohms)：IGBT 内部电阻。

（2）Inductance Lon(H)：IGBT 内部电感。

（3）Forward voltage Vf(V)：IGBT 正向电压，即导通压降。

（4）Current 10% fall time Tf(s)：电流下降时间，具体是指器件关断信号开始到电流 Ic 下降至 10% 最大值的时间。

（5）Current tail time Tt(s)：电流拖尾时间，具体是指 Ic 从 10% 最大值下降至 0 的时间。

（6）Initial current Ic(A)：初始电流值，默认为 0，即仿真从器件关断状态开始。

（7）Snubber resistance Rs(Ohms)：吸收电路电阻。

（8）Snubber capacitance Cs(F)：吸收电路电容。

（9）Show measurement port：勾选是否保留输出显示端口。

此外，电力电子器件库中还提供了带续流二极管的 IGBT 模块（IGBT/Diode）。

3）通用桥模块

为了便于各种仿真模型搭建，SimPowerSystems 除分立电力电子器件外，还提供了多种集成模块，其中通用桥模块（Universal Bridge）是一种应用广泛的电力电子集成模块，如图

1-22所示。其中,g为器件门极,通信号流,A、B、C为输入电源(对应桥臂为3),"＋"和"－"则为直流输出端子。需要注意的是,此处的输入和输出可根据模块功能的不同进行更换,比如当通用桥作为整流电路使用时,A、B、C为输入,"＋"和"－"为输出;当通用桥作为逆变电路使用时,则A、B、C为输出,"＋"和"－"为输入。

通用桥模块可配置成两相、三相并采用不同器件的电力电子电路,对应的参数配置对话框如图1-23所示。可设参数包括以下几种。

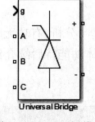

图 1-22　通用桥模块

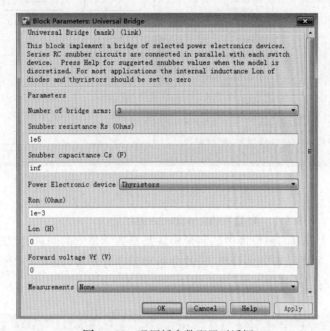

图 1-23　通用桥参数配置对话框

(1) Number of bridge arms:桥臂数目,可设置成1、2、3,分别代表半桥、单相全桥和三相桥式结构。

(2) Snubber resistance Rs(Ohms):吸收电路电阻。

(3) Snubber capacitance Cs(F):吸收电路电容。

(4) Power Electronic device:电力电子器件类型选择,可选择二极管、晶闸管、GTO/Diodes、MOSFET/Diodes、IGBT/Diodes、理想开关(Ideal Switches)等。

(5) Ron(Ohms):器件内阻。

(6) Lon(H):器件的内部电感。

(7) Forward voltage Vf(V):正向压降。

(8) Measurements:测量模块选择,需要注意的是由于通用桥模块没有输出显示端口,若想观察通用桥中某一器件电压电流时,必须通过 Measurements 下拉菜单选择进行,相关内容在后续仿真时再进行详细介绍。

1.3.5　控制与测量库

SimPowerSystems 中的控制与测量库(Control & Measurements)包含了滤波器库、逻辑运算库、测量库、锁相环库、脉冲及信号生成库和坐标变换库等,如图1-24所示,可配合完成各类电气测量、控制等。下面分别以测量库、脉冲及信号生成库为例进行简单介绍。

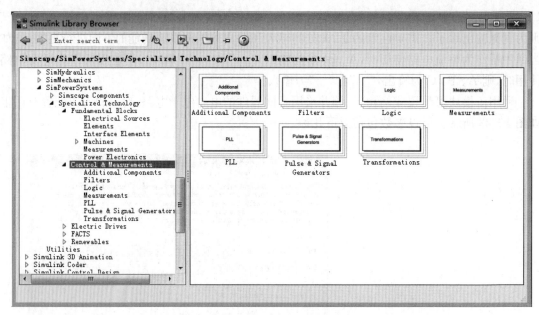

图 1-24　控制与测量库

1.3.5.1　测量库(Measurements)

控制与测量库中的测量模块是指数学角度的测量,比如进行傅里叶分析、有功无功功率计算、平均值有效值计算、谐波分析和相序分析等,如图 1-25 所示,具体功能待后续介绍仿真应用时再详述。

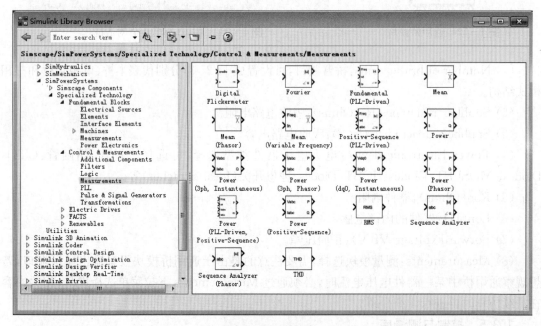

图 1-25　测量库

此外,在 SimPowerSystems 中还包含了传感器测量概念的测量模块,包括单个电压电流传感器、三相电压电流传感器、阻抗检测和通用检测模块等,可用作仿真分析中的数据测量。

1.3.5.2 脉冲及信号生成库(Pulse & Signal Generators)

脉冲及信号生成库可提供各类电力电子器件的各种门极触发信号,既可为分立器件提供,也可为集成模块提供。需要注意的是,脉冲及信号生成库中的所有模块流通的都是信号流,即作为控制信号使用。下面介绍两个常见信号生成模块。

1) 可编程定时器(Stair Generator)

可编程定时器能提供随时间变换的任意输出信号,其模块及对应参数配置如图 1-26 所示,可设参数包括以下几种。

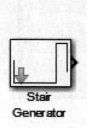

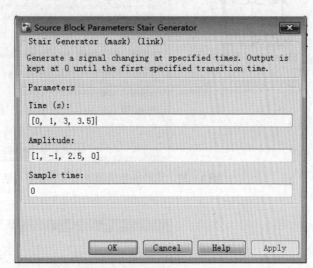

图 1-26 可编程定时器及参数设置对话框

(1) Times(s):输出不同信号所对应的时间点,以秒为单位。

(2) Amplitude:不同时间点所对应的输出幅值,需要注意的是输出幅值数目必须与时间点数目完全一致,否则报错。

(3) Sample time:采样时间。

2) 六脉冲生成模块[Pulse Generator(Thyristor,6-Pulse)]

对于 1.3.4 节中提到的通用桥模块,当设置成三相桥式电路时,可采用六脉冲生成模块为其提供 6 个晶闸管的触发信号,其模块及对应参数配置如图 1-27 所示。输入端共有三个信号,其中,alpha 为三相桥式电路的控制移相角,以度为单位;wt 为三相桥式电路所接入三相交流电网的角度值,可通过锁相环模块获取,该参数主要用来实现六脉冲的同步触发;Block 是控制端口,默认设置为 0。输出端 P 为六脉冲合成信号,合成顺序为 pulse1~pulse6。

该模块可设参数包括以下几种。

(1) Generator type:脉冲生成方式,可选六脉冲(6-pulse)或十二脉冲(12-pulse)。

(2) Pulse width(degree):脉冲宽度,单位为度。

(3) Double pulsing:勾选此选项即为双脉冲输出,否则为单脉冲输出。

(4) Sampling time:采样时间。

3) 脉冲生成模块(Pulse Generator)

Simulink 通用库 Sources 中还含有一个 Pulse Generator 模块,可为分立器件提供脉冲触发信号,其模块及对应参数配置如图 1-28 所示,可设参数包括以下几种。

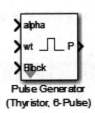

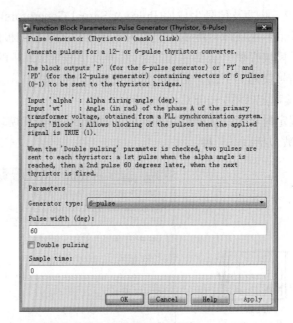

图 1 - 27　六脉冲生成模块及参数设置对话框

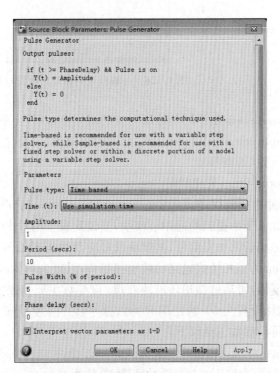

图 1 - 28　脉冲生成模块及参数设置对话框

（1）Pulse type：脉冲类型，可选基于时间的（Time based）或基于采样的（Sample based）。

（2）Time(t)：时间基准，可选采样时间（Use simulation time）或外部信号（Use external signal）。

（3）Amplitude：输出脉冲幅值。

（4）Period(secs)：输出脉冲周期，以秒为单位。

（5）Pulse Width（％ of period）：输出脉冲宽度，按占周期的百分比计算。

（6）Phase delay（secs）：脉冲距离原点的延时时间，以秒为单位。

4）PWM生成模块［PWM Generator（2-Level）］

脉宽调制（pulse width modulation，PWM）技术广泛应用于各类电力电子电路中，PWM生成模块可根据需要为不同拓扑、不同器件提供所需要的脉冲信号。该模块及对应参数配置如图1-29所示，其中输入端为期望输出信号，即调制波。

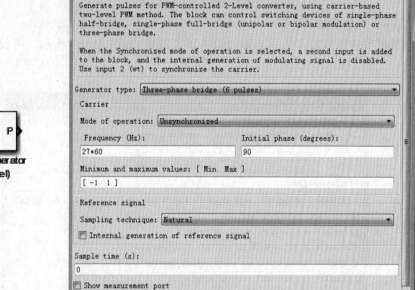

图1-29 PWM生成模块及参数设置对话框

可设参数包括以下几种。

（1）Generator type：脉冲生成模式，可勾选单相半桥（2脉冲）、单相全桥（4脉冲）、单相全桥单极性调制（4脉冲）、三相全桥（6脉冲）。

（2）Carrier：载波设置。

（3）Mode of operation：运算方式，可勾选同步（synchronized）或异步（Unsynchronized）。

（4）Frequency（Hz）：载波频率。

（5）Initial phase（degrees）：载波初始相位。

（6）Minimum and maximum values：［Min Max］：载波的最大最小幅值。

（7）Reference signal：参考信号，即调制波。

（8）Sampling technique：采样方式，可勾选自然采样（Natural）、对称规则采样（Symmetrical regular）或不对称规则采样（Asymmetrical regular）。

（9）Internal generation of reference signal：内部生成参考信号、即调制波，勾选此选项后，图1-29中模块无输入信号，同时可设置内部生成参考信号的调制度（Modulation index）、频率（Frequency）以及相位（Phase）。

（10）Sampling time(s)：采样时间。

（11）Show measurement port：勾选此项后可输出测量端口。

1.3.6 电力图形界面

图 1-30 powergui 模块

SimPowerSystems 还包含了一个 powergui 模块，即电力图像界面，为电气工程领域研究人员提供图形界面，可以进行波形 FFT 分析、潮流计算、初始化处理、阻抗-频率测量等一系列功能，是仿真分析的有力工具之一。powergui 模块如图 1-30 所示。双击 powergui 模块，其模块属性参数对话框一共分为三部分：求解器（Solver）、工具箱（Tools）和预设项（Preferences）。

1）求解器属性参数对话框

求解器配置中可以设置仿真类型和勾选开关器件，如图 1-31 所示。可设参数包括以下几种。

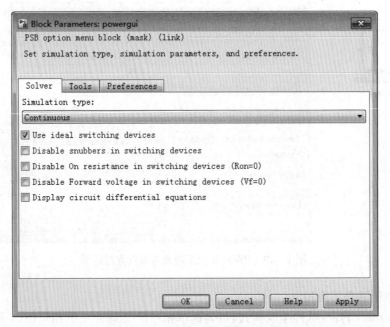

图 1-31 求解器属性参数对话框

（1）Simulation type：仿真类型，可选择连续型（Continuous）、离散型（Discrete）或相量型（Phasor）仿真。

（2）Use ideal switching devices：使用理想开关器件，当勾选此项时会显示四个禁用（Disable）选项，分别为：①禁用开关器件中的吸收电路；②使开关器件的导通电阻为零；③使开关器件的导通压降为 0；④禁用电路中的微分方程。

2）工具箱属性参数对话框

工具箱属性参数对话框，如图 1-32 所示。它包含了各种仿真分析功能，如稳态计算、初始状态设置、潮流计算、电机初始化设置、阻抗测量、FFT 分析、线性系统分析、磁滞设置、RLC 线路参数设置和报告生成等功能，可以更好地帮助分析仿真结果。由于篇幅受限，本节不对 powergui 各项功能进行详述，在后续仿真时再进行详述。

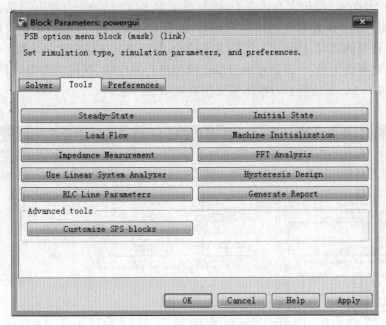

图1-32 工具箱属性参数对话框

3) 预设项属性参数对话框

预设项属性参数对话框如图1-33所示，可以进行潮流计算参数预设，也可以进行
SimPowerSystems 仿真的警告、编译信息显示与否等的配置。

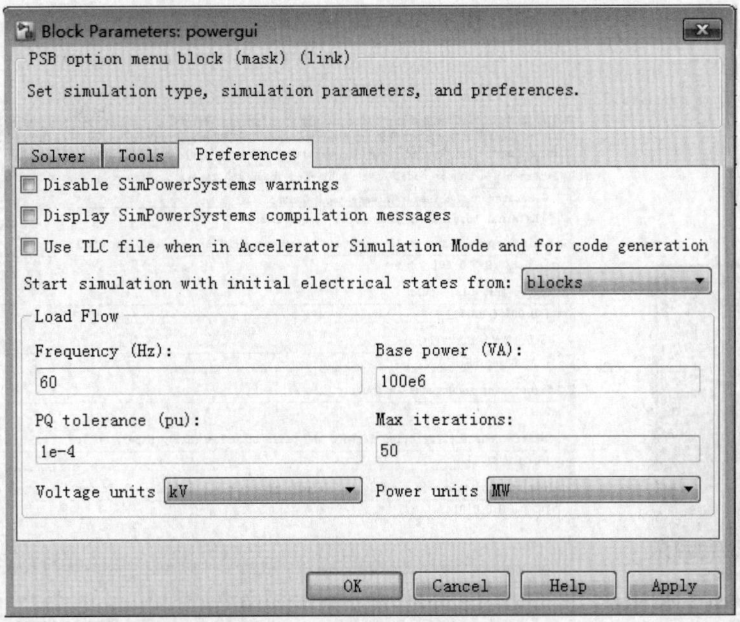

图1-33 预设项属性参数对话框

1.3.7 应用库

SimPowerSystems 除包含上述库外,还集成了很多应用案例库,如不同点击的驱动案例库、柔性输电案例库和新能源并网相关案例库,如图 1-34 所示,可方便初学者通过案例学习掌握更多仿真技巧的同时,将理论与实践有效结合,起到事半功倍的学习效果。以图 1-35 中的双馈风机发电系统为例,一方面可通过双击模型进行发电机、风机等参数设置;另一方面可通过 Look Under Mask 功能学习整体系统仿真模型的搭建。

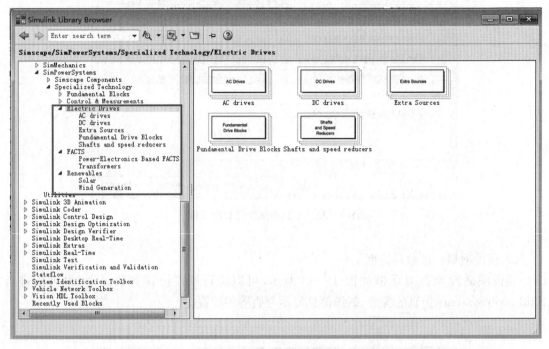

图 1-34 应用案例库

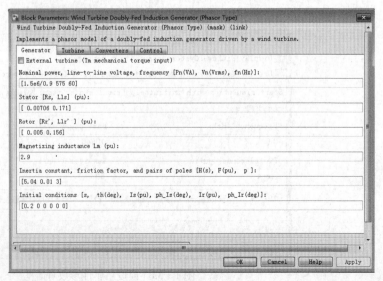

(a) 双馈风机模块   (b) 参数设置对话框

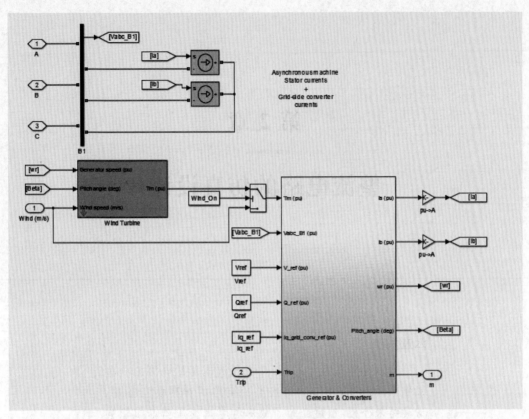

(c) 双馈风机发电系统整体系统

图 1 - 35 双馈风机发电系统案例

第 2 章

整流电路的仿真设计

∧

本章内容 ————

　　本章首先从单相、三相可控整流电路的电路拓扑和工作原理入手,介绍了这些整流电路的仿真模型搭建、仿真结果分析,然后介绍了故障和考虑变压器漏抗影响时的仿真设计,最后介绍了多重化整流电路和两电平PWM整流器双闭环控制系统的设计及对应 MATLAB仿真。

本章特点 ————

　　本章从整流电路拓扑、工作原理以及仿真模型搭建、仿真结果分析等方面介绍了不同整流电路的仿真设计。

　　整流电路是一种将交流电转化为直流电的电路。通常的整流电路由交流电源、电力电子器件组成的整流电路、滤波器、负载以及器件触发控制电路构成。整流电路广泛应用于交直交变频器、开关电源、电解电镀和高压直流输电等领域。本章以晶闸管整流电路为例,介绍了不同拓扑结构、不同负载以及不同工况下整流电路的仿真设计,并介绍了以 IGBT 为器件的两电平 PWM 整流器的工作原理和仿真方法。

2.1　单相可控整流电路

2.1.1　单相半波可控整流电路

2.1.1.1　工作原理

单相半波可控整流电路带电阻性负载的电路图及理论波形图如图 2-1 所示。

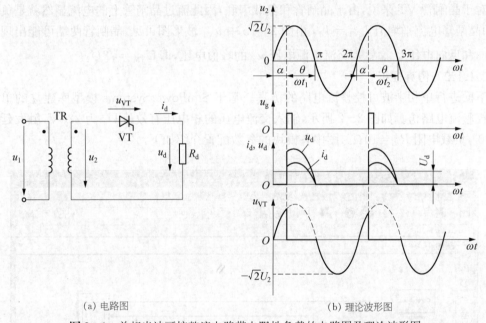

(a) 电路图　　　　　　　　　　　　　(b) 理论波形图

图 2-1　单相半波可控整流电路带电阻性负载的电路图及理论波形图

　　由图 2-1a 可知,该整流电路的交流输入电压为变压器二次侧电压 u_2, u_g 为晶闸管触发脉冲, u_d 和 i_d 分别为整流输出即负载两端电压和流经电流值, u_{VT} 则为晶闸管两端电压,对应的各变量理论波形如图 2-1b 所示。上述电路的具体工作原理如下:

　　(1) 在 $0 \sim \omega t_1$ 时间段内,虽然交流电压 u_2 处于正半周,晶闸管 VT 承受正向电压,但由于 u_g 为零,因此晶闸管 VT 处于正向阻断状态,负载电压 $u_d = 0$、电流 $i_d = 0$。

　　(2) 在 ωt_1 时刻,门极加上触发脉冲 u_g,晶闸管触发导通,此时若忽略晶闸管导通压降,整流输出及负载电压为 $u_d = u_2$,负载电流为 $i_d = u_2 / R_d$。

　　(3) 在 $\omega t = \pi$ 时,交流输入电压 u_2 下降至零,晶闸管阳极电流小于维持电流,导致晶闸管关断;在交流电压 u_2 的负半周,晶闸管由于承受反压而保持反向阻断状态,负载电压 $u_d = 0$、电流 $i_d = 0$。

　　(4) 在交流输入电压的下一周期继续重复上述过程,从而得到该电路的理论波形图,如图 2-1b 所示。

整流电路直流侧输出平均电压 U_d 是 u_d 波形在一个周期内面积的平均值,直流电压表测得的即为此值,通过对图 2-1b 中的 u_d 进行数学运算,可得

$$U_d = \frac{1}{2\pi}\int_\alpha^\pi \sqrt{2}U_2\sin\omega t\,\mathrm{d}(\omega t) = 0.45U_2\frac{1+\cos\alpha}{2} \tag{2-1}$$

式中,α 为触发延迟角。当 $\alpha = 0°$ 时,整流输出电压平均值 U_d 最大,即 $U_d = 0.45U_2$,与二极管半波整流电路整流输出电压平均值相同。随着 α 的增大,整流输出电压平均值 U_d 逐渐减小,当 $\alpha = 180°$ 时,输出电压 $U_d = 0$。

在负载上,直流输出电流的平均值为

$$I_d = \frac{U_d}{R_d} = 0.45\frac{U_2}{R_d}\frac{1+\cos\alpha}{2} \tag{2-2}$$

对于晶闸管 VT 来说,由于晶闸管和负载串联,因此流过晶闸管上的电流显然就是负载电流,即晶闸管电流平均值 $I_{dVT} = I_d$,由图 2-1b 中 u_{VT} 波形图可见,晶闸管两端可能出现的最大正向和反向电压 U_{TM} 就是交流电源电压 u_2 的峰值电压,即 $U_{TM} = \sqrt{2}U_2$。

2.1.1.2 仿真分析

下面进行单相半波可控整流电路的仿真。基于 SimPowerSystems 模型库建立的单相半波可控整流电路仿真如图 2-2 所示,输入交流电压的相电压有效值 U_2 为 220 V,触发延迟角 $\alpha = 30°$,负载电阻 $R_d = 10\,\Omega$。图中各模块的参数配置介绍如下。

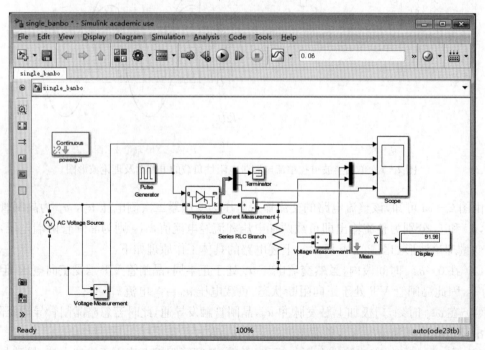

图 2-2 单相半波可控整流电路带电阻性负载的仿真模型

1) 输入单相交流电源

采用交流电压源(AC Voltage Source),峰值电压为 $220\sqrt{2}$ V,频率为 50 Hz,如图 2-3 所示。

2) 脉冲触发模块

采用单个脉冲触发单元(Pulse Generator),脉冲幅值为 1,脉冲周期设置为输入交流输入电源的周期 $0.02\,\mathrm{s}$,脉冲宽度为 5%。这里特别需要注意的是脉冲延迟时间,即触发延迟角 α 的设置。对于单相半波可控整流电路来说,触发延迟角即为距离原点的角度值,因而可以通过式(2-3)将其转换为脉冲延迟时间 T_{delay}:

$$\frac{360°}{0.02} = \frac{\alpha}{T_{\mathrm{delay}}} \qquad (2-3)$$

当 $\alpha = 30°$ 时,计算得到此时的脉冲延迟时间 $T_{\mathrm{delay}} = (0.02/12)\,\mathrm{s}$,脉冲触发模块的整体参数设置如图 2-4 所示。

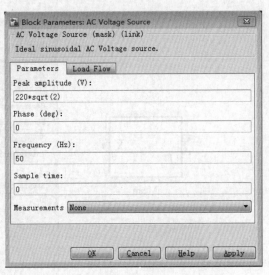

图 2-3 单相交流电压源的参数配置

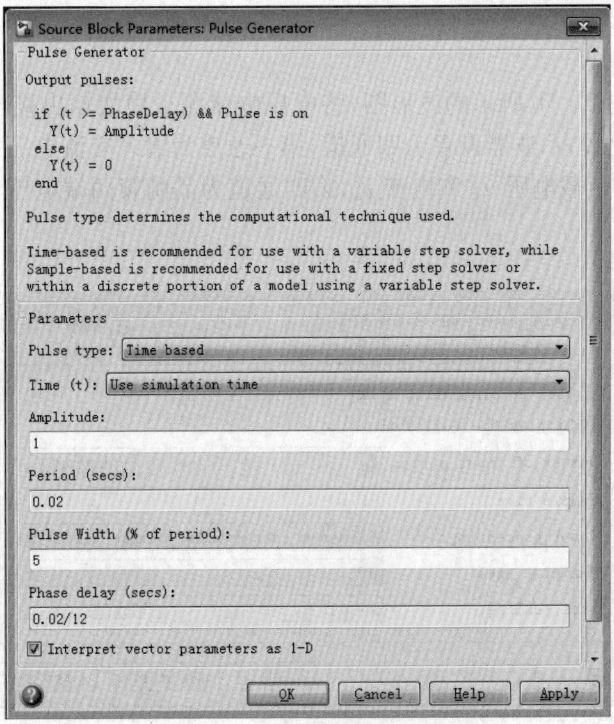

图 2-4 脉冲触发模块的参数配置

3) 测量模块设置

本仿真中需要测量的变量包括单相输入电压 u_2、负载电压 u_{d}、负载电流 i_{d} 和晶闸管电压 u_{VT},因此需要在电路中加入电压测量模块(Voltage Measurement)和电流测量模块(Current Measurement)。对于晶闸管而言,可以直接通过其测量输出端口"m"引出两端电压和流经电流值。此外,除电压电流实时波形查看外,还需要计算整流电路输出电压平均值,因此需要在仿真中添加平均值测量模块 Mean,其模块及参数配置如图 2-5 所示,平均值测量模块输出接

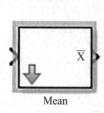
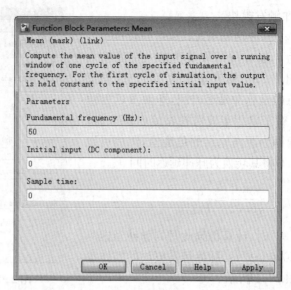

Mean

图 2-5 平均值计算模块的参数配置

Display 显示模块。

为了得到类似图 2-1b 所示的波形图,将电压电流测量模块输出接至示波器(Scope)中。为与理论波形进行比较,示波器设置为四通道,第一通道为输入交流电压 u_2,第二通道为触发脉冲 u_g,第三通道为负载电压 u_d 和电流 i_d,第四通道为晶闸管两端电压 u_{VT}。示波器具体配置如图 2-6 所示。

图 2-6 示波器的参数配置

需要注意的是,对于多个变量在同一通道显示的,可对多变量进行 Mux 合并处理;同样的,对于类似晶闸管"m"输出端含多个输出变量的,可进行 Demux 分散处理,对于无须显示的量可将其连接至 Terminator 端。

设置仿真时间为 0.06 s,在示波器中观测到的实际波形如图 2-7 所示,从上往下分别是输入交流电压、触发脉冲、负载电压电流和器件两端承受电压波形,得到的整流输出电压平均值可在 Display 中显示,为 91.98 V。

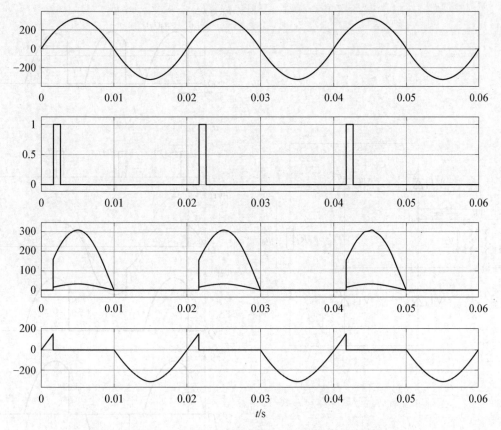

图 2 - 7　单相半波可控整流电路带电阻性负载的仿真波形($\alpha = 30°$)

若按式(2 - 1)进行理论计算,可得该仿真电路的整流输出电压平均值 U_d 应为 92.367 V,与仿真结果 91.98 V 存在差异。这是由于式(2 - 1)是纯粹的理论计算,而仿真中晶闸管存在导通阻抗 R_{on}、L_{on} 和导通压降 V_f 等因数,所以仿真结果更贴近实际。当已知实际晶闸管参数时,还可通过配置晶闸管参数对实际器件进行模拟,以期得到更为接近实际的仿真结果。

虽然单相半波可控整流电路线路简单,但带电阻性负载时,存在输出直流电压脉动大,整流变压器二次绕组中存在直流电流分量造成铁芯直流磁化等缺点;带阻感负载时存在失控可能,必须要有续流二极管存在(此时整流器输出电压等同于电阻性负载)。因此,单相半波可控整流电路只适用于小容量、要求不高的场合,在单相可控整流电路中应用最为广泛的是单相桥式全控整流电路。

2.1.2　单相桥式全控整流电路

2.1.2.1　电阻性负载

1) 工作原理

单相桥式全控整流电路带电阻性负载的电路图及理论波形图如图 2 - 8 所示。

(1) 在交流电压 u_2 的正半周时(即 a 端为正,b 端为负),晶闸管 VT1 和 VT3 承受正向电压,在 0~α 时间段内,VT1 和 VT3 处于正向阻断状态,$u_d = u_2$,在假设两个晶闸管完全一致的前提下,各自承受 $u_2/2$ 电压。

(2) 在 α 时刻同时触发 VT1 和 VT3,电流通路为 a → VT1 → R_d → VT3 → b,此时整流

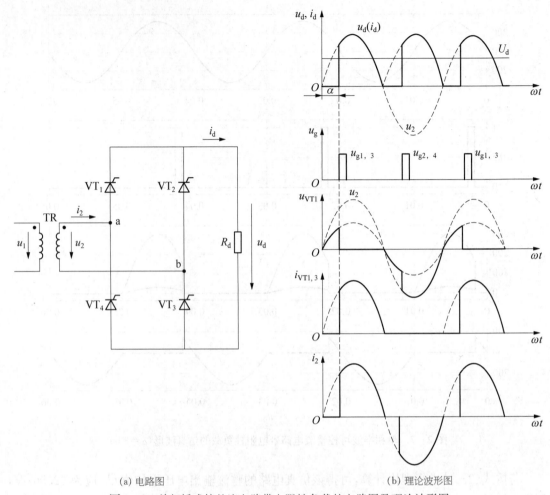

(a) 电路图　　　　　　　　　　　(b) 理论波形图

图 2-8　单相桥式控整流电路带电阻性负载的电路图及理论波形图

输出电压 $u_d = u_2$，$u_{VT1} = u_{VT3} = 0$。

（3）在 $\omega t = \pi$ 时，交流输入电压 u_2 下降至零，晶闸管 VT1 和 VT3 因电流小于维持电流而关断，此时整流输出电压 $u_d = 0$。

（4）在交流电压 u_2 的负半周时（即 a 端为负，b 端为正），晶闸管 VT2 和 VT4 承受正向电压，在 α 时刻同时触发 VT2 和 VT4，电流通路为 b → VT2 → R_d → VT4 → a，此时整流输出电压 $u_d = u_2$。

（5）在 $\alpha + \pi \sim 2\pi$ 时间段内，晶闸管 VT1、VT3 均承受反向电压而截止，在假设两个晶闸管完全一致的前提下，各自承受 $-u_2/2$ 电压。

由图 2-8b 可知，桥式全控整流电路的直流侧输出电压比半桥可控整流电路多了 1 倍的波形面积，因此整流输出电压平均值 U_d 显然也比半桥可控整流电路多 1 倍，其计算公式为

$$U_d = \frac{1}{\pi} \int_{\alpha}^{\pi} \sqrt{2} U_2 \sin \omega t \, \mathrm{d}(\omega t) = 0.9 U_2 \frac{1 + \cos \alpha}{2} \tag{2-4}$$

在负载上，直流输出电流的平均值为

$$I_d = \frac{U_d}{R_d} = 0.9 \frac{U_2}{R_d} \frac{1 + \cos \alpha}{2} \tag{2-5}$$

对于晶闸管来说(以 VT1 和 VT3 为例),其电流波形如图 2-8b 所示,是负载电流波形面积的一半,因此流过晶闸管的平均电流 $I_{\mathrm{dVT}} = I_{\mathrm{d}}/2$。由图 2-8b 中 u_{VT} 波形图可见,晶闸管两端可能出现的最大正向电压为 $\sqrt{2}U_2/2$,最大反向电压则为交流电源电压 u_2 的峰值电压,即为 $\sqrt{2}U_2$。

对于变压器二次侧电流 i_2 来说,它在正半周由流过 VT1 和 VT3 的电流决定,在负半周又由流过 VT2 和 VT4 的电流决定,因而是如图 2-8b 所示的交流电,从而避免了半桥可控整流电路中整流变压器二次绕组中存在直流电流分量而造成的铁芯直流磁化问题。

2) 仿真分析

下面进行单相桥式全控整流电路带电阻性负载的仿真。基于 SimPowerSystems 模型库建立仿真如图 2-9 所示,输入交流电压的相电压有效值 U_2 为 220V,触发延迟角 $\alpha = 30°$,负载电阻 $R_{\mathrm{d}} = 10\Omega$。图中各模块的参数配置介绍如下。

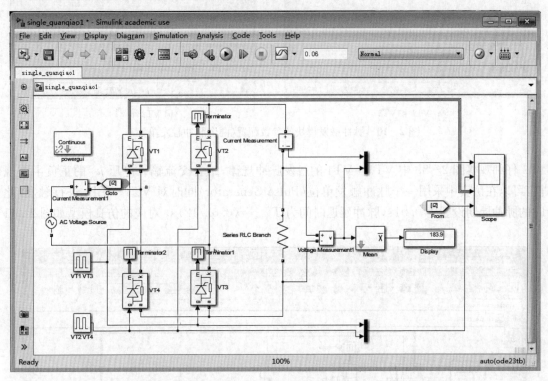

图 2-9 单相桥式全控整流电路带电阻性负载的仿真模型(两个脉冲触发单元)

(1) 交流电压源(AC Voltage Source)。峰值电压为 $220\sqrt{2}$ V,频率为 50 Hz。

(2) 脉冲触发模块配置。由于图 2-9 中所搭建的仿真是采用四个分立器件构成单相桥式全控整流电路,考虑 VT1 和 VT3、VT2 和 VT4 是同步触发关系,因此本仿真中采用两个脉冲触发单元(Pulse Generator)进行触发。

对于 VT1 和 VT3 来说,其脉冲幅值为 1,脉冲周期设置为输入交流输入电源的周期 0.02s,脉冲宽度为 5%。由于单相桥式全控整流电路的触发延迟角也是为距离原点的角度值,因而可以通过式(2-3)计算得到,当 $\alpha = 30°$ 时的脉冲延迟时间 $T_{\mathrm{delay1}} = (0.02/12)\mathrm{s}$。VT2 和 VT4 的触发脉冲相较 VT1 和 VT3 滞后半个周期,即滞后 0.01s,因此 VT2 和 VT4 的脉冲延迟时间为 $T_{\mathrm{delay2}} = (0.02/12 + 0.01)\mathrm{s}$,脉冲触发模块的参数设置如图 2-10 所示。

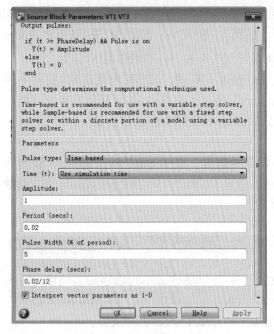
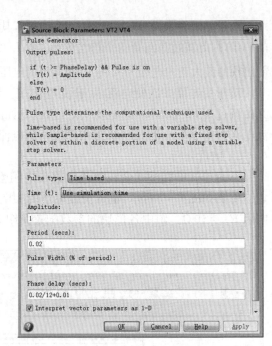

(a) VT1 和 VT3   (b) VT2 和 VT4 更改

图 2-10 脉冲触发模块的参数配置(两个脉冲触发单元)

仔细观察图 2-8b 中 VT1～VT4 的触发脉冲规律,结合交流输入电压 u_2 的正负半周规律,可以在仿真中采用一个脉冲触发单位(Pulse Generator)同时对 VT1～VT4 进行触发,此时的脉冲周期设置为 $0.01\,\mathrm{s}$,脉冲延迟时间为 $T_{\mathrm{delay}}=(0.02/12)\,\mathrm{s}$,对应的仿真模型如图 2-11

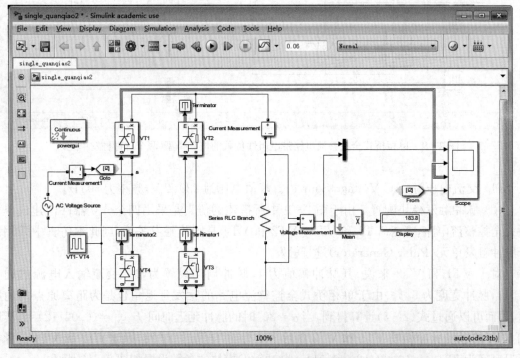

图 2-11 单相桥式全控整流电路带电阻性负载的仿真模型(一个脉冲触发单元)

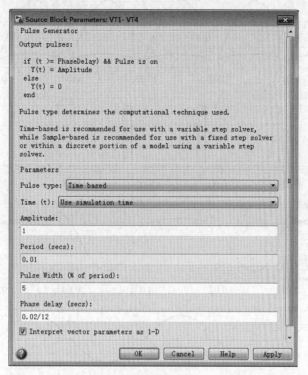

图 2 - 12　脉冲触发模块的参数配置(一个脉冲触发单元)

所示,对应的脉冲触发模块参数设置如图 2 - 12 所示。

(3) 测量模块配置。本仿真中需要测量的变量包括变压器二次侧电流 i_2、负载电压 u_d 和电流 i_d、晶闸管电压 u_{VT}。为了方便对变压器二次侧电流 i_2 和负载电压 u_d 进行 FFT 分析,首先将待分析变量接入示波器中,配置示波器的 logging 属性对话框,如图 2 - 13 所示。

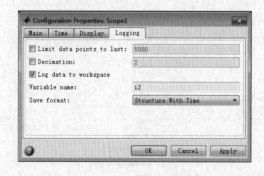 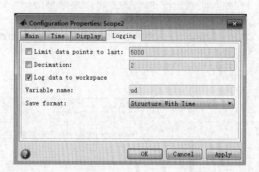

图 2 - 13　待 FFT 分析变量的对应示波器参数配置

设置仿真时间为 0.06 s,在示波器中观测到的实际波形如图 2 - 14 所示(第一通道为输出负载电压电流,第二通道为两个脉冲触发单元的触发脉冲,第三通道为 VT1 的电压电流,第四通道为交流侧电流 i_2),得到的整流输出电压平均值可在 Display 中显示,为 183.8 V[由式(2 - 4)计算得到的理论值为 184.7 V]。

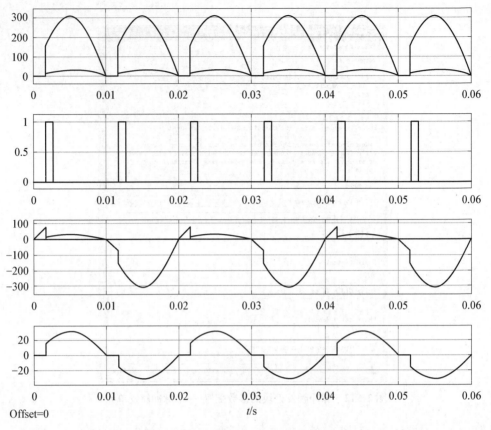

图 2-14 单相桥式全控整流电路带电阻性负载的仿真波形（$\alpha=30°$）

打开 Powergui 模块，选择 Tools→FFT Tools，进入 FFT 分析界面后进行变量选择、基频设置 50 Hz、周期数选择 2，分别对 i_2 和 u_d 进行 FFT 分析，结果如图 2-15 和图 2-16 所示。

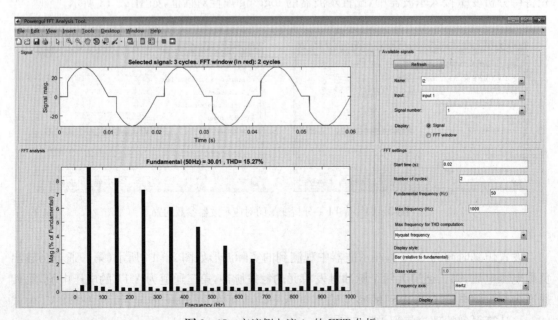

图 2-15 交流侧电流 i_2 的 FFT 分析

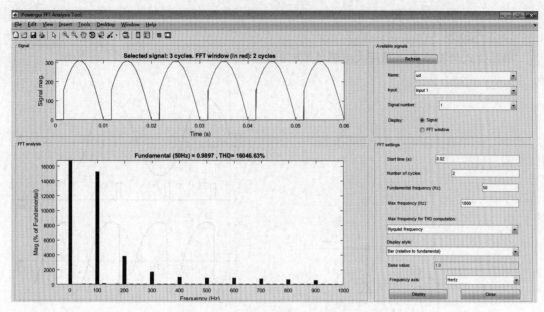

图 2 - 16　直流侧电压 u_d 的 FFT 分析

　　由图 2 - 15、图 2 - 16 可知,单相桥式全控整流电路带电阻性负载时,谐波分布满足 $2k \pm 1$ 次(k 为正整数)规律,直流侧输出电压谐波分布则满足 $2k$ 次(k 为正整数)规律。

　　上述仿真是通过四个分立晶闸管构建单相桥式全控整流电路,还可以通过设置通用桥模块进行整流电路构建,如图 2 - 17 所示。选择桥臂数目为 2、器件类型为晶闸管,可构建单相桥式全控整流电路。

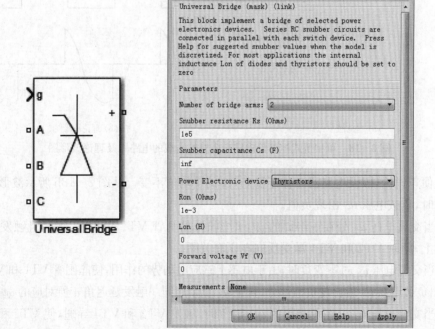

图 2 - 17　通用桥构建单相桥式全控整流电路

2.1.2.2 阻感性负载

1）工作原理

单相桥式全控整流电路带大电感负载时的电路图和理论波形图如图 2－18 所示。

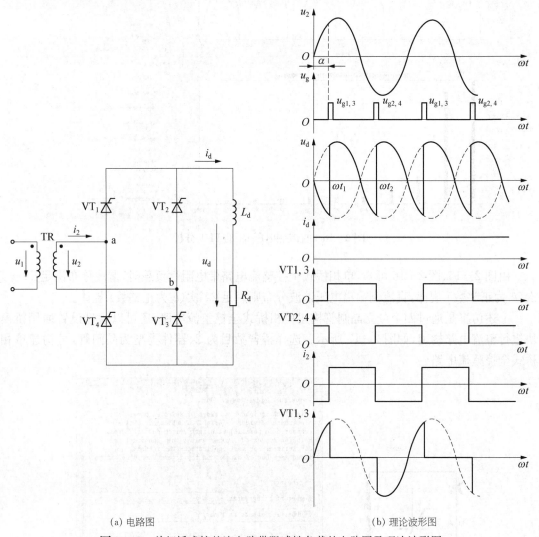

（a）电路图　　　　　　　　　　（b）理论波形图

图 2－18　单相桥式控整流电路带阻感性负载的电路图及理论波形图

为了便于讨论，假设电路已工作于稳态，i_d 的平均值不变。从图 2－18b 所示波形可知，大电感负载时，负载电压 u_d 出现负值。

（1）当交流电压 u_2 处在正半周的 ωt_1 时刻时，晶闸管 VT1 和 VT3 被同时触发导通，u_2 加于负载上，此时 VT2 和 VT4 承受反向电压而关断。

（2）当交流电压 u_2 过零变负时，由于电感上感应电动势的作用，使晶闸管 VT1 和 VT3 继续导通，输出负载电压 u_d 就出现负值部分，直至 u_2 负半周同一触发延迟角 α 所对应的 ωt_2 时刻。

（3）当交流电压 u_2 处在负半周的 ωt_2 时刻时，触发 VT2 和 VT4 导通，使 VT1 和 VT3 承受反向电压而关断（VT1 和 VT3 承受的电压各自是 u_2），从而使电流 i_d 从 VT1 和 VT3 转换到另外一对晶闸管 VT2 和 VT4 上，此过程称为换相。

（4）当大电感负载时，负载电流 i_d 连续且近似为一水平线。

（5）晶闸管电流波形是半个周期导通、半个周期截止的矩形波。

（6）变压器二次侧电流 i_2 是正负各 180°的矩形波，其相位由 α 决定。

单相桥式全控整流电路带大电感负载时，由于输出电压出现了负值，因此当触发延迟角 α 相同时，电路的输出电压要比带电阻性负载时低，整流输出电压平均值 U_d 可由下式进行计算：

$$U_d = \frac{1}{\pi} \int_{\alpha}^{\pi+\alpha} \sqrt{2} U_2 \sin\omega t\, d(\omega t) = 0.9 U_2 \cos\alpha \tag{2-6}$$

当 $\alpha = 0°$ 时，整流输出电压平均值 U_d 最大为 $0.9U_2$；当 $\alpha = 90°$ 时，整流输出电压平均值 U_d 为 0。因为当 $\alpha = 90°$ 时，整流输出电压 u_d 波形的正负面积正好抵消，整流输出电压平均值 U_d 为 0，故单相桥式全控整流电路带大电感负载时，移相范围为 $0° \sim 90°$。

负载直流电流的平均值

$$I_d = \frac{U_d}{R_d} \tag{2-7}$$

晶闸管电流平均值 I_{dVT} 和 I_{VT} 有效值分别为 $I_{dVT} = \dfrac{I_d}{2}$ 和 $I_{VT} = \dfrac{I_d}{\sqrt{2}}$。晶闸管两端的最大电压 U_{TM} 为交流电压 u_2 的峰值 $U_{TM} = \sqrt{2} U_2$。变压器二次侧电流 i_2 的有效值为 $I_2 = I_d$。

由于实际应用中不存在电感无穷大情况，当 $\omega L_d \geqslant 10 R_d$ 时，即可近似认为是大电感情况。

2）仿真分析

下面进行单相桥式全控整流电路带阻感性负载的仿真。基于 SimPowerSystems 模型库建立仿真如图 2 - 19 所示，输入交流电压的相电压有效值 U_2 为 220 V，负载电阻 $R_d = 2\,\Omega$，电

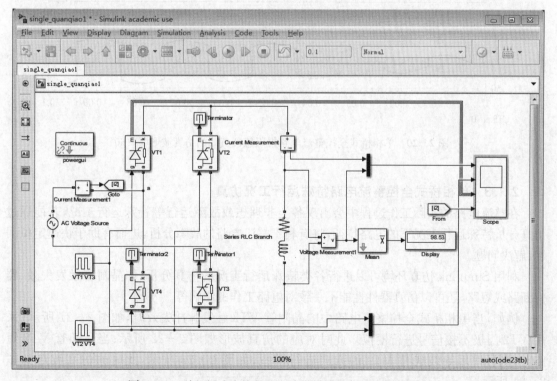

图 2 - 19　单相桥式全控整流电路带阻感性负载的仿真模型

感为 0.1 H,仿真时间为 0.1 s。

当触发延迟角 $\alpha=60°$ 时,得到的整流输出电压平均值可在 Display 中显示,为 98.53 V(理论值为 99 V)。在示波器中观测到的实际波形如图 2 - 20 所示(第一通道为输出负载电压电流,第二通道为两个脉冲触发单元的触发脉冲,第三通道为 VT1 的电压电流,第四通道为交流侧电流 i_2)。

由图 2 - 20 可知,由于有电感存在,电流不突变,存在从零开始逐渐稳定的动态过程。

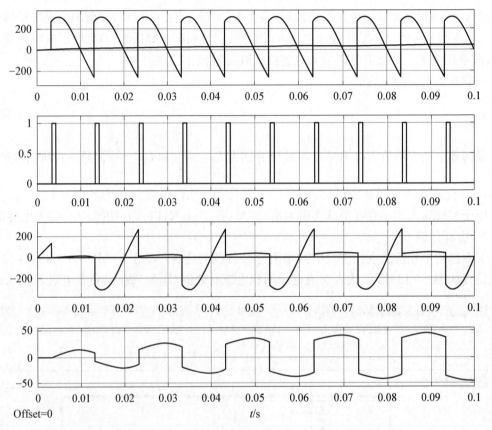

图 2 - 20 单相桥式全控整流电路带阻感性负载的仿真波形($\alpha=60°$)

2.1.3 单相桥式全控整流电路特殊运行工况仿真

在整流电路的实际工作过程中会出现各类非理想或故障运行等特殊运行工况,若能通过仿真分析特殊运行工况下的电路特征,将有利于整流电路的故障分析,进而有助于快速定位问题、解决问题。

利用 Simulink 仿真环境可以进行各类特殊运行工况的仿真分析,如晶闸管触发失效、器件断路或短路,还可以仿真器件性能不一致对电路工作的影响等。

例如,当单相桥式全控整流电路中的晶闸管 VT2 触发脉冲失效时,如图 2 - 21 所示(采用 VT2 门极不接信号进行模拟),此时对应的仿真波形如图 2 - 22 所示;当晶闸管 VT2 短路时,则可使用导线代替 VT2 的方式进行模拟,如图 2 - 23 所示,此时的仿真波形如图 2 - 24 所示。

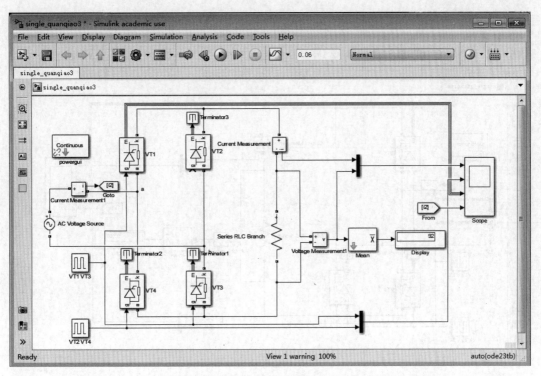

图 2 - 21 单相桥式全控整流电路晶闸管 VT2 触发失效时的仿真模型

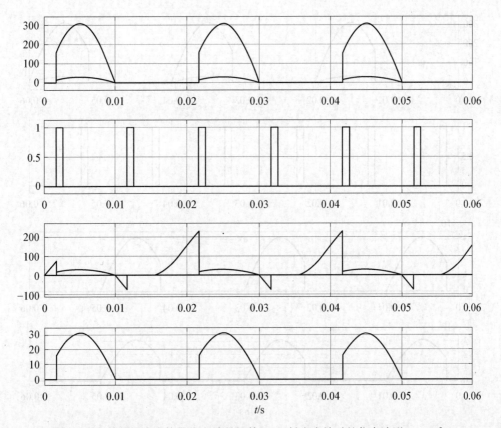

图 2 - 22 单相桥式全控整流电路晶闸管 VT2 触发失效时的仿真波形($\alpha=30°$)

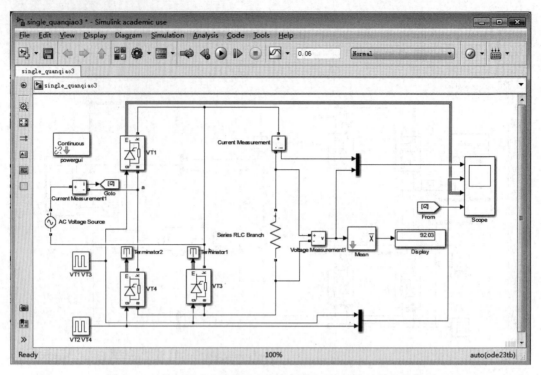

图 2-23 单相桥式全控整流电路晶闸管 VT2 短路时的仿真模型

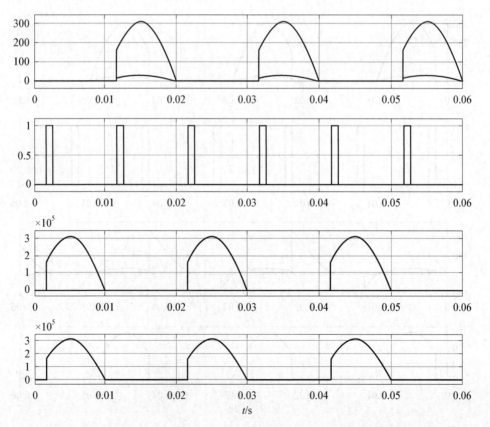

图 2-24 单相桥式全控整流电路晶闸管 VT2 短路时的仿真波形($\alpha=30°$)

2.2　三相可控整流电路

一般在负载容量 4kW 以上时,要求直流电压脉动较小的场合尽可能采用三相可控整流电路。本书主要以三相半波(零式)可控整流电路和三相桥式全控整流电路为例进行仿真介绍。

2.2.1　三相半波可控整流电路

三相半波可控整流电路和理论波形如图 2-25 所示。

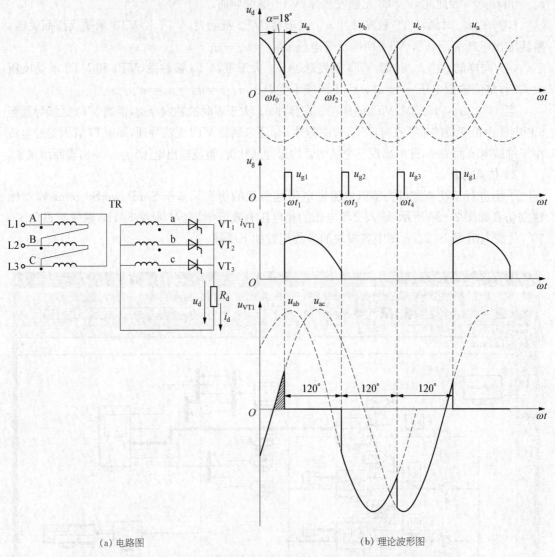

(a) 电路图　　　　　　　　　　(b) 理论波形图

图 2-25　三相半波可控整流电路带电阻性负载的电路图及理论波形图

由于三相整流在自然换流点之前晶闸管承受反压,因此三相整流电路的自然换流点是晶闸管触发延迟角 α 的起始点。由于自然换流点距离原点 30°,因此触发延迟角距离原点的距离为 $\alpha+30°$,这点在仿真过程的触发脉冲设置时尤其重要。

2.2.1.1 电阻性负载

1) 工作原理

三相桥式半控整流电路要求 abc 三相触发脉冲 u_{g1}、u_{g2}、u_{g3} 按顺序依次间隔120°分别触发 VT1、VT2、VT3。

对于电阻性负载来说,当 $\alpha \leqslant 30°$ 时,整流输出电压如图 2-25b 所示,为连续状态。

(1) 在 ωt_1 时刻触发 VT1,此时 a 相相电压最大,VT1 导通,VT2 和 VT3 承受反压而关断,整流输出电压 $u_d = u_a$。

(2) 在 ωt_2 时刻(b 相自然换流点,即 b 相相电压开始变为最大),由于触发脉冲 u_{g1}、u_{g2}、u_{g3} 相隔 120°,因此此时 VT2 无触发脉冲,VT1 继续导通。

(3) 在 ωt_3 时刻,VT2 触发脉冲 u_{g2} 大于零,VT2 被触发,VT1 和 VT3 承受反压而关断,整流输出电压 $u_d = u_b$,VT1 两端承受电压 $u_{VT1} = u_a - u_b = u_{ab}$。

(4) 同样的,在 ωt_4 时刻,VT3 触发脉冲 u_{g3} 大于零,VT3 被触发,VT1 和 VT2 承受反压而关断,整流输出电压 $u_d = u_c$,VT1 两端承受电压 $u_{VT1} = u_a - u_c = u_{ac}$。

当 $30° < \alpha \leqslant 150°$ 时,VT1 同样在触发脉冲 u_{g1} 大于零时被触发导通,但当 VT1 延续导通至 a 相电压由正变负的过零点时,VT2 管的脉冲 u_{g2} 还未到故 VT2 无法导通,而 VT1 管因流经电流小于维持电流而关断,此时出现三个晶闸管均未导通状况,整流输出电压 $u_d = 0$,出现断续现象。

2) 仿真分析

下面进行三相半波可控整流电路带电阻性负载的仿真。基于 SimPowerSystems 模型库建立仿真如图 2-26 所示,输入交流电压的相电压有效值为 220 V,频率 50 Hz,触发延迟角 $\alpha = 30°$,负载电阻 $R_d = 2\Omega$。图中各模块的参数配置如下所述。

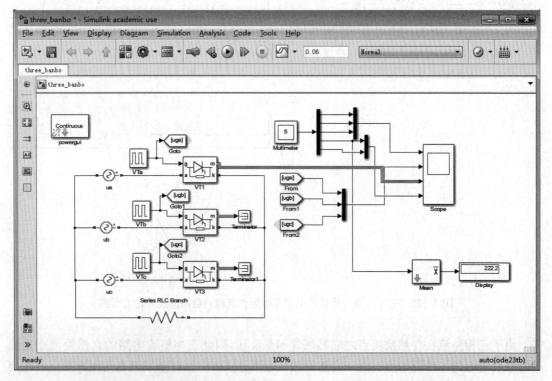

图 2-26　三相半波可控整流电路带电阻性负载的仿真模型(三个脉冲触发单元)

（1）三相交流电压源模块。图 2 - 26 所示仿真中，采用三个独立交流电压源构成三相交流电压源。需要注意的是，abc 三相电压源需满足互差 120°的正序相序关系，三相电压源的参数配置如图 2 - 27 所示。

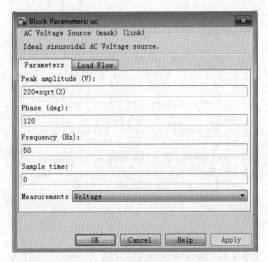

(a) a 相电压 u_a　　　　　　　　　　　　　(b) b 相电压 u_b

(c) c 相电压 u_c

图 2 - 27　三相交流电压源的参数配置

（2）脉冲触发模块。由于图 2 - 26 中所搭建的仿真是采用三个分立器件构建成三相半波可控整流电路，考虑 VT1、VT2 和 VT3 的互差 120°顺序触发关系，又考虑三相整流电路的自然换相点问题，因此，本仿真中采用三个脉冲触发单元（Pulse Generator）进行触发。

对于 VT1 来说，其脉冲幅值为 1，脉冲周期设置为输入交流输入电源的周期 0.02 s，脉冲宽度为 5%。由 2.2.1 节分析可知，三相整流电路的触发延迟角距离原点的角度值为 $\alpha + 30°$，因此，在通过式(2-3)计算得到 Tdelay 值后，还需要加上 30°角度所对应的时间(0.02/12) s。当触发角 $\alpha = 30°$ 时，VT1 的脉冲延迟时间 $T_{delay1} = (0.02/12 + 0.02/12)$ s。VT2 和 VT3 的触发脉冲相较 VT1 滞后 120°和 240°，即分别滞后 (0.02/3) s 和 (0.04/3) s，因此 VT2 和 VT3 的脉冲延迟时间分别为 $T_{delay2} = (0.02/12 + 0.02/12 + 0.02/3)$ s，$T_{delay3} = (0.02/12 + 0.02/12 +$

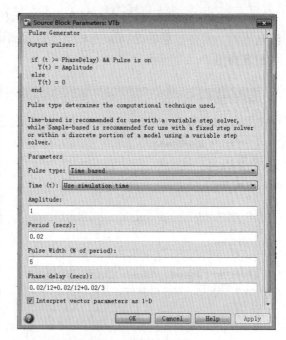

(a) VT1 脉冲触发设置   (b) VT2 脉冲触发设置

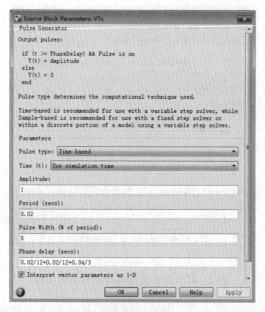

(c) VT3 脉冲触发设置

图 2 - 28 脉冲触发模块的参数配置(三个脉冲触发单元)

$0.04/3)\,\mathrm{s}$,相对应的脉冲触发模块的参数设置如图 2 - 28 所示。当触发延迟角 α 变化时,只需要在脉冲延迟时间里修改 α 角度值所对应的时间即可。

仔细观察图 2 - 25b 中的 VT1～VT3 的触发脉冲规律,结合三相交流电压源的规律,可以在仿真中采用一个脉冲触发单位(Pulse Generator)同时对 VT1～VT3 进行触发,此时的脉冲周期设置为 $(0.02/3)\,\mathrm{s}$,脉冲延迟时间为 $T_{\mathrm{delay}}=(0.02/12+0.02/12)\,\mathrm{s}$,对应的仿真模型如图 2 - 29 所示,对应的脉冲触发模块参数设置如图 2 - 30 所示。

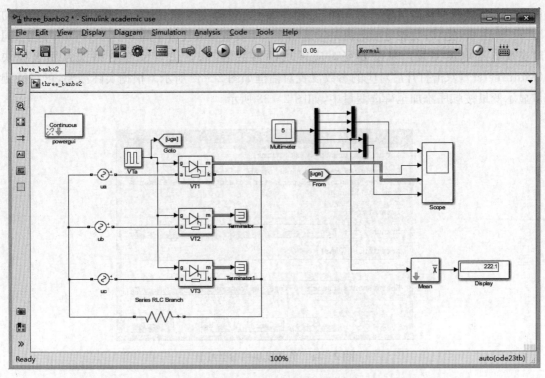

图 2 - 29　三相半波可控整流电路带电阻性负载的仿真模型(一个脉冲触发单元)

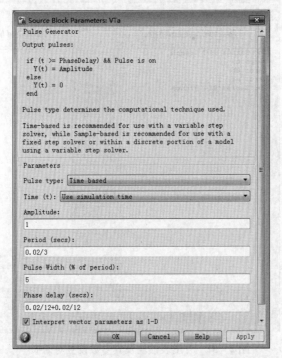

图 2 - 30　脉冲触发模块的参数配置(一个脉冲触发单元)

(3) 测量模块设置。本仿真中需要测量的变量包括三相输入电压、负载电压 u_d 和电流 i_d、晶闸管电压 u_{VT}。为了使仿真模型简洁,本仿真采用勾选模块内置测量选型,配合使用万用表的方式进行变量测量显示。例如,三相输入电压测量是勾选图 2 - 27 电源参数设置中的 Measurements 选项;负载电压电流是勾选图 2 - 31 负载参数设置中的 Measurements 选项,同时实现电压电流测量。在设置完对应模块的参数后,需在仿真模型中添加万用表模块(Multimeter),双击打开后对应的参数设置对话框如图 2 - 32 所示。根据实际需要,可将待测量显示变量按顺序添加至待选变量中,如图 2 - 33 所示。

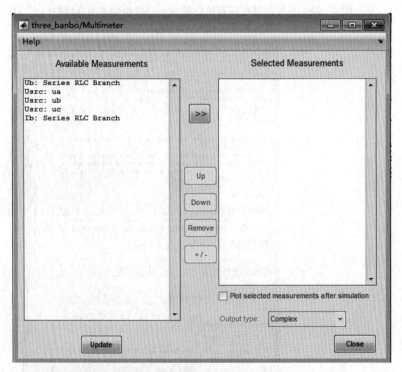

图 2 - 31　负载模块的参数配置

图 2 - 32　万用表模块及其参数设置对话框

设置仿真时间为 0.06 s,在示波器中观测到的实际波形如图 2 - 34 和图 2 - 35 所示,得到的整流输出电压平均值可在 Display 中显示,为 222.1 V(理论值为 222.9 V)。示波器第一通道为三相交流电压源,第二通道为 VT1~VT3 的触发脉冲,第三通道为 a 相 VT1 的电压电流

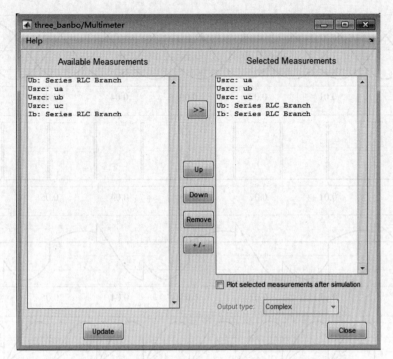

图 2 - 33 万用表参数设置对话框(已按顺序选择测量变量)

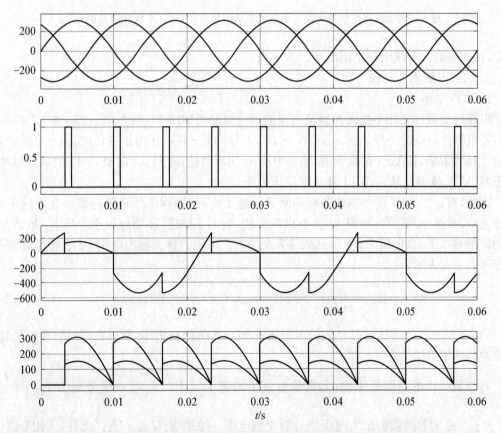

图 2 - 34 三相半波可控整流电路带电阻性负载的仿真波形(三个脉冲触发单元)($\alpha=30°$)

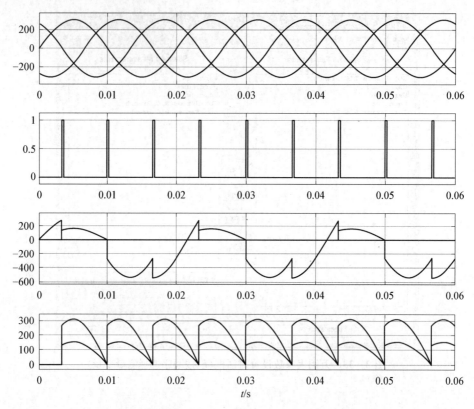

图 2－35 三相半波可控整流电路带电阻性负载的仿真波形(一个脉冲触发单元)(α＝30°)

波形,第四通道为负载电压电流波形。

2.2.1.2 阻感性负载

1) 工作原理

阻感性负载的三相半波可控整流电路的理论波形图如图 2－36 所示。当 $\alpha \leqslant 30°$ 时,u_d 波形与带电阻性负载时一样。当 $\alpha > 30°$ 时,VT1 导通至 a 相电压由正变负时,由于电感产生的感应电动势影响,使 VT1 延续导通,输出电压 u_d 出现负值;直到 ωt_2 时刻,VT2 的触发脉冲 u_{g2} 大于零,VT2 被触发导通,VT1 才承受反压关断。

因此,当 $\alpha > 30°$,仍然能使各相晶闸管导通 $120°$,从而保证了电流连续。在电路串接大电感之后,虽然 u_d 波形脉动很大,甚至出现负值,但 i_d 的波形脉动却很小。当 L_d 足够大时,i_d 的波形基本平直,电阻 R_d 上得到的是完全的直流电压。整流输出电压 U_d 在整个移相范围内都可由下式表示:

$$U_d = \frac{1}{2\pi/3} \int_{\frac{\pi}{6}+\alpha}^{\frac{5\pi}{6}+\alpha} \sqrt{2} U_2 \sin \omega t \, \mathrm{d}(\omega t) = 1.17 U_2 \cos \alpha \tag{2－8}$$

当 $\alpha = 90°$ 时,$U_d = 0$,此时整流输出电压 u_d 波形正负面积相等,所以在带阻感性负载时,触发脉冲的移相范围为 $0° \sim 90°$。

对于某一相的晶闸管来说,晶闸管电流平均值 I_{dVT} 和 I_{VT} 有效值分别为 $I_{dVT} = \dfrac{I_d}{3}$ 和 $I_{VT} = \dfrac{I_d}{\sqrt{3}}$。晶闸管两端的最大电压 U_{TM} 为交流电压 u_2 的峰值 $U_{TM} = U_2$。此外,三相半波可控

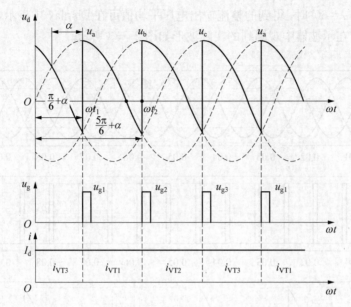

图 2-36　三相半波可控整流电路带阻感性负载的理论波形

整流电路同样存在变压器二次侧有直流分量而导致的直流磁势问题。

　　2）仿真分析

　　下面进行三相半控可整流电路带阻感性负载的仿真。基于 SimPowerSystems 模型库建立仿真如图 2-37 所示,输入交流电压的相电压有效值 U_2 为 220 V,负载电阻 $R_d = 2\Omega$、电感为 0.1 H,仿真时间为 0.1 s。

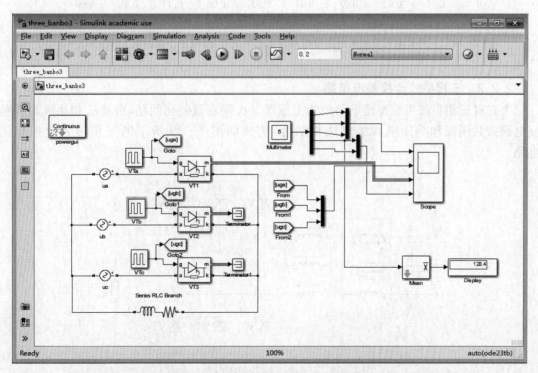

图 2-37　三相半波可控整流电路带阻感性负载的仿真模型(三个脉冲触发单元)

当触发延迟角 $\alpha = 60°$ 时，得到的整流输出电压平均值可在 Display 中显示，为 128.4 V（理论值为 128.7 V）。在示波器中观测到的实际波形如图 2-38 所示。

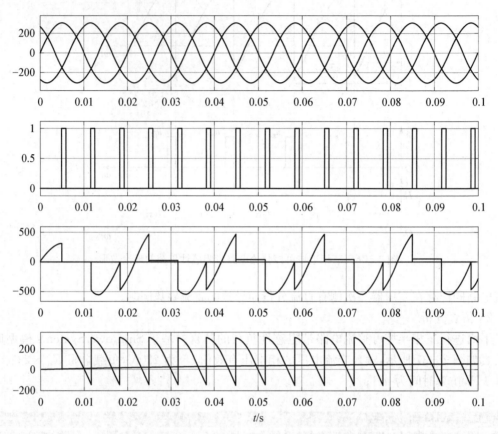

图 2-38 三相半波可控整流电路带阻感性负载的仿真波形（三个脉冲触发单元）（$\alpha = 60°$）

2.2.2 三相桥式全控整流电路

为克服三相半波可控整流电路中的变压器二次侧直流磁化问题，可将三相半波可控整流电路按共阴极和共阳极两组解法相结合，构成如图 2-39 所示的三相桥式全控整流电路。

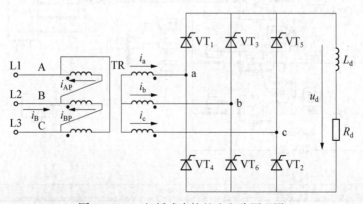

图 2-39 三相桥式全控整流电路原理图

2.2.2.1 电阻性负载

1）工作原理

当 $\alpha = 0°$ 时，可以将整流电路中的晶闸管看成二极管进行分析。此时，对于共阴极组的 3 个晶闸管（VT1、VT3 和 VT5）来说，阳极所接交流电压值最大的一个导通；对于共阳极组的 3 个晶闸管（VT4、VT2 和 VT6）来说，则是阴极所接交流电压值最小的一个导通。这样，任意时刻共阳极组和共阴极组中各有一个不在同一相的晶闸管处于导通状态。从相电压波形看，共阴极组晶闸管导通时，u_{d1} 为相电压的正包络线，共阳极组导通时，u_{d2} 为相电压的负包络线，总的整流输出电压 $u_d = u_{d1} - u_{d2}$，即为线电压在正半周的包络线。直接从线电压波形看，u_d 为线电压中最大的一个，因此 u_d 波形为线电压的正向包络线。

为了进一步说明各晶闸管的工作情况，将波形中的一个周期等分为 6 时段，每时段 60°，如图 2-40 所示。每 1 时段中导通的晶闸管及整流输出电压的情况见表 2-1。

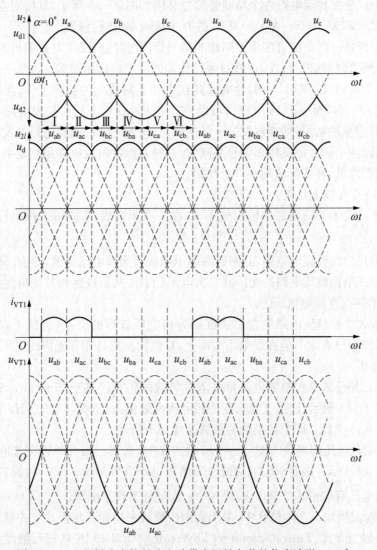

图 2-40 三相桥式全控整流电路带电阻性负载的仿真波形（$\alpha = 0°$）

表 2-1　三相桥式全控整流电路带电阻性负载当 $\alpha=0°$ 时晶闸管及整流输出电压的情况

时段	I	II	III	IV	V	VI
共阴极组导通器件	VT1	VT1	VT3	VT3	VT5	VT5
共阳极组导通器件	VT6	VT2	VT2	VT4	VT4	VT6
整流输出电压 u_d	u_{ab}	u_{ac}	u_{bc}	u_{ba}	u_{ca}	u_{cb}

梳理可得,三相桥式全控整流电路的工作特点如下所述。

(1) 导通及触发特点有以下几点:

① 每一时刻都有两个不同相的晶闸管同时导通,形成回路,两个导通的晶闸管分别属于共阴极组和共阳极组。

② 三相桥式全控整流电路六个晶闸管编号必须如图 2-39 所示,其所对应的触发脉冲按照 VT1-VT2-VT3-VT4-VT5-VT6 的顺序每隔 60°进行触发。

③ 为了保证每一时刻都有两个不同相的晶闸管同时导通,必须对共阴极组和共阳极组中导通的一对晶闸管同时进行触发,这就对触发脉冲的宽度提出了要求。方法一:采用单宽脉冲触发,由表 2-1 可知,以 VT1 为例,为确保其在 I 和 II 时段内的有效工作,需要设置 VT1 的触发脉冲宽度大于 60°而小于 120°(通常可设 80°~90°),这种方法对触发电路功率要求较大。方法二:采用双窄脉冲触发,即在触发某一晶闸管时,对前一个晶闸管进行补发脉冲,这样就能保证某一时间段两个脉冲触发相邻编号晶闸管,这种双脉冲触发电路虽然复杂,但对触发电路的功率及体积要求低,在实际应用中广泛使用。

(2) 电路特点有以下几点:

① 三相桥式全控整流电路的输出电压 u_d 在一个周期内波动 6 次,故被称为六脉波整流电路。

② 三相桥式全控整流电路中,晶闸管两端承压最大为线电压幅值,即为 $\sqrt{6}U_2$。

③ 三相桥式全控整流电路的变压器二次电流分别由共阴极组和共阳极组提供,因而是对称交流电流,不存在直流磁化问题。

④ 三相桥式全控整流电路的自然换流点为相电压波形的交点(包括正向交点与反向交点),也是距离波形原点 30°,但在线电压波形上,自然换流点是相邻正向线电压的交点。

2) 仿真分析

下面进行三相桥式全控整流电路带电阻性负载的仿真。基于 SimPowerSystems 模型库建立仿真如图 2-41 所示,输入交流电压的相电压有效值为 220 V,频率 50 Hz,触发延迟角 $\alpha=30°$,负载电阻 $R_d=2\,\Omega$。图中各模块的参数配置如下所述。

(1) 三相交流电压源模块。图 2-41 所示仿真中,采用三相可编程交流电压源提供三相电源,如图 2-42 所示。因要求输入交流电压的相电压有效值为 220 V,故设置三相可编程交流电压源的线电压有效值为 $220\sqrt{3}$ V,采用 Yg 连接且为理想电源。

(2) 脉冲触发模块。在本仿真中,采用通用桥模块来构建三相桥式全控整流电路,对应采用的是六脉冲触发单元[Pulse Generator(Thyristor,6-Pulse)]模块进行触发,如图 2-43 所

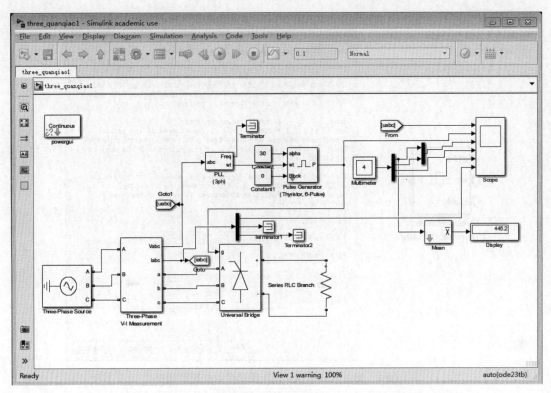

图 2-41　三相桥式全控整流电路带电阻性负载时的仿真模型

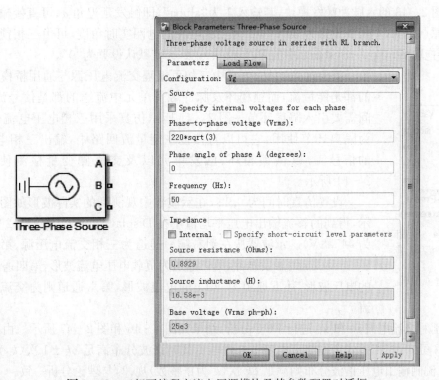

图 2-42　三相可编程交流电压源模块及其参数配置对话框

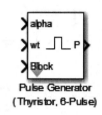

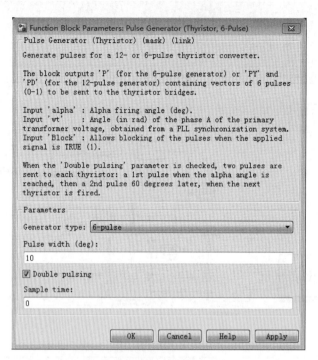

图 2 - 43　六脉冲触发模块及其参数配置对话框

示。由于选用的双窄脉冲触发方式,因而设置脉冲宽度为 10°。

对图 2 - 43 的六脉冲触发模块,其输入 1 为"alpha",即触发延迟角 α,可直接输入无须考虑其与原点距离,本仿真设置为 30°;"wt"为三相电源的电网实时角度,可由三相锁相环获取(可直接拖取 SimPowerSystems 中的 PLL 模块);"Block"默认设置为"0"。

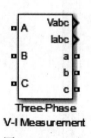

图 2 - 44　三相电压电流测量模块

需要注意的是,仿真中三相可编程交流电压源与通用桥模块中流通的都是能量流,而锁相环及脉冲触发单元中流通的都是信号流,因此中间需要引入隔离环节。图 2 - 41 所示仿真采用三相电压电流传感器作为隔离环节使用,它可以直接接在能量流回路中,输出三相电压、电流的信号流,以供锁相环、触发单元以及交流侧变量检测使用,如图 2 - 44 所示。

设置仿真时间为 0.1 s,在示波器中观测到的实际波形如图 2 - 45 所示,得到的整流输出电压平均值可在 Display 中显示,为 445.2 V(理论值为 445.8 V)。示波器从左到右第一通道为三相交流电压源,第二通道为 VT1～VT6 的触发脉冲,第三通道为负载电压电流波形,第四通道为 VT1 的电压波形,第五通道为 VT1 的电流波形,第六通道则为交流侧 a 相电流 i_a。

分别对交流电流 i_a 和 u_d 进行 FFT 分析,结果如图 2 - 46 和图 2 - 47 所示。由图 2 - 46、图 2 - 47 可知,三相桥式全控整流电路带电阻性负载时谐波分布满足 $6k \pm 1$ 次(k 为正整数)规律;直流侧输出电压谐波分布则满足 $6k$ 次(k 为正整数)规律,与理论分析一致。

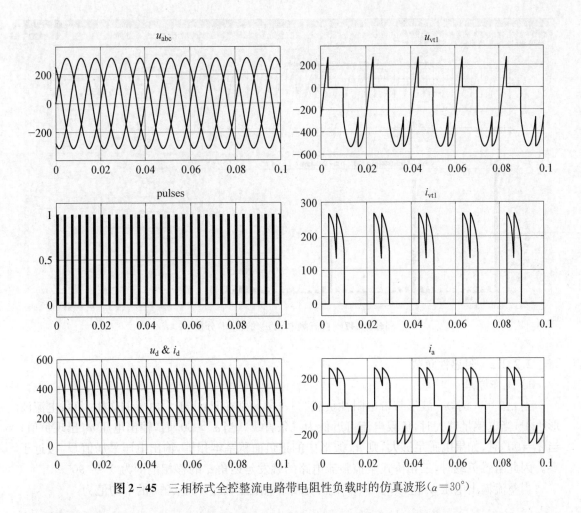

图 2 - 45　三相桥式全控整流电路带电阻性负载时的仿真波形（$\alpha=30°$）

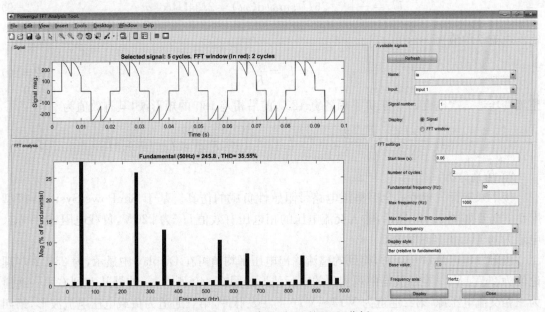

图 2 - 46　交流侧电流 i_a 的 FFT 分析

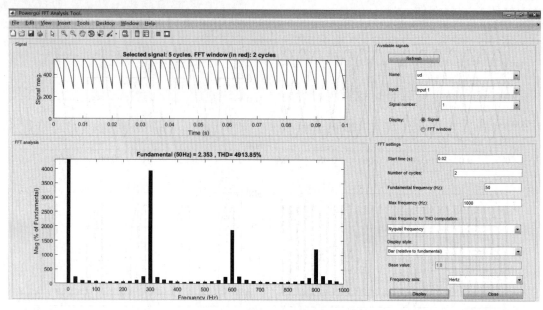

图 2-47 直流侧电压 u_d 的 FFT 分析

2.2.2.2 阻感性负载

1) 工作原理

当 $\alpha \leqslant 60°$ 时, u_d 波形与带电阻性负载时一样, 区别在于: 由于大电感的作用, 负载电流波形平滑, 当电感足够大时, 负载电流可近似为一条直线。当 $\alpha > 60°$ 时, 输出电压 u_d 出现负值; 当 $\alpha = 90°$ 时, 如果电感足够大, 则 u_d 波形中的正负面积基本相等, 输出电压平局值 U_d 接近于零。因此阻感负载时, 三相桥式全控整流电路的触发延迟角 α 的移相范围为 $0° \sim 90°$。

当整流输出电压 u_d 连续时(即带阻感负载或电阻性负载 $\alpha \leqslant 60°$)的平均值为

$$U_d = \frac{6}{2\pi} \int_{\frac{\pi}{3}+\alpha}^{\frac{2\pi}{3}+\alpha} \sqrt{6}U_2 \sin\omega t \, d(\omega t) = 2.34 U_2 \cos\alpha \qquad (2-9)$$

输出电流平均值为

$$I_d = \frac{U_d}{R} \qquad (2-10)$$

整流变压器二次电流 i_a 为正负半周各宽 $120°$、前沿相差 $180°$ 的矩形波, 其有效值为

$$I_2 = \sqrt{\frac{1}{2\pi}\left(I_d^2 \times \frac{2}{3}\pi + (-I_d)^2 \times \frac{2}{3}\pi\right)} = \sqrt{\frac{2}{3}} I_d = 0.816 I_d \qquad (2-11)$$

2) 仿真分析

接下来进行三相桥式全控整流电路带阻感性负载的仿真。基于 SimPowerSystems 模型库建立仿真如图 2-48 所示, 输入交流电压的相电压有效值 U_2 为 220 V, 负载电阻 $R_d=2\Omega$、电感为 0.1 H, 仿真时间为 0.1 s。

当触发延迟角 $\alpha=60°$ 时, 得到的整流输出电压平均值可在 Display 中显示, 为 256.2 V(理论值为 257.4 V)。在示波器中观测到的实际波形如图 2-49 所示, 示波器从左到右第一通道为三相交流电压源, 第二通道为 VT1~VT6 的触发脉冲, 第三通道为负载电压电流波形, 第四通道为 VT1 的电压波形, 第五通道为 VT1 的电流波形, 第六通道则为交流侧 a 相电流 i_a。

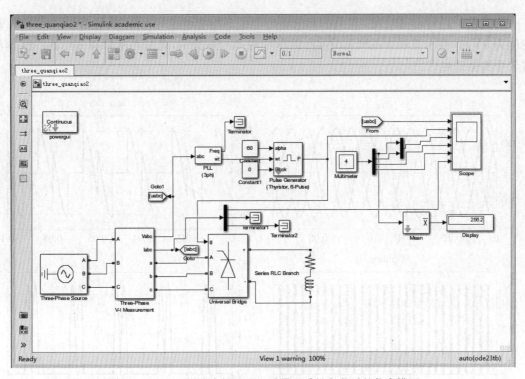

图 2 - 48　三相桥式全控整流电路带阻感性负载时的仿真模型

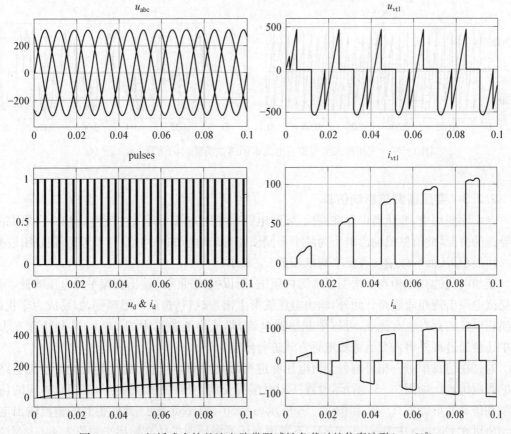

图 2 - 49　三相桥式全控整流电路带阻感性负载时的仿真波形（$\alpha = 60°$）

当触发延迟角 $\alpha=90°$ 时,得到的整流输出电压平均值可在 Display 中显示,为 2.931V(理论值为 0V)。在示波器中观测到的实际波形如图 2-50 所示,此时晶闸管和变压器二次侧流过较小的振荡电流值。

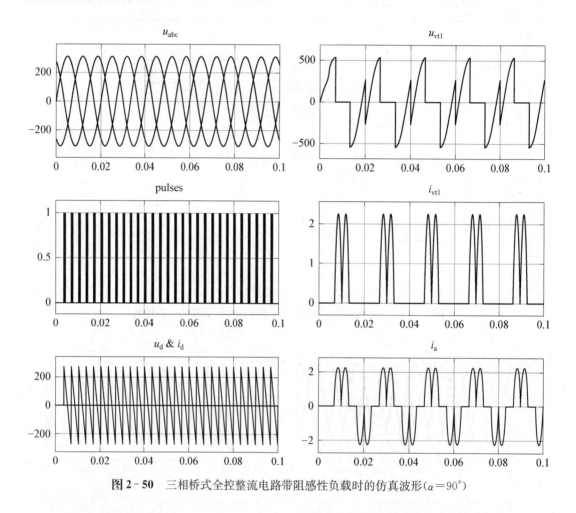

图 2-50 三相桥式全控整流电路带阻感性负载时的仿真波形($\alpha=90°$)

2.2.3 变压器漏抗影响仿真

在实际使用中,变压器中存在漏抗,导致电路换相时电流不能发生突变,存在不同回路同时导通的情况,此时整流输出电压为两个不同回路输出电压的平均值,与不考虑漏抗相比减少了一块面积,从而导致输出直流平均电压值 U_d 减小。

换相电抗的存在相当于增加了电源内阻抗,所以换流期间的输出直流平均电压降低,可能使交流电源出现相间短路。此外,输出电压波形上出现缺口,造成波形畸变,容易成为干扰源。但换相电抗的存在也有优点,可以限制短路电流,降低换流过程中的 di/dt,某些特殊要求电路中还会通过额外串入交流进线电感方式进行限制。

通过在仿真中对三相可编程交流电压源进行漏抗设置,可进行变压器漏抗对整流电路工作的影响仿真。如图 2-51 所示,设置三相可编程交流电压源的漏感为 0.1mH,对应的仿真模型和仿真波形如图 2-52 和图 2-53 所示($\alpha=30°$,阻感负载)。此时得到的整流输出电压平均值可在 Display 中显示,为 398V,不考虑变压器漏感时的仿真输出平均值为 445.2V。

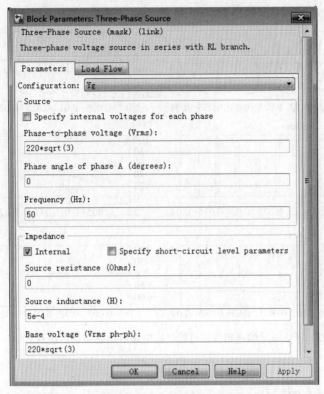

图 2 - 51 考虑漏感的三相可编程交流电压源参数配置

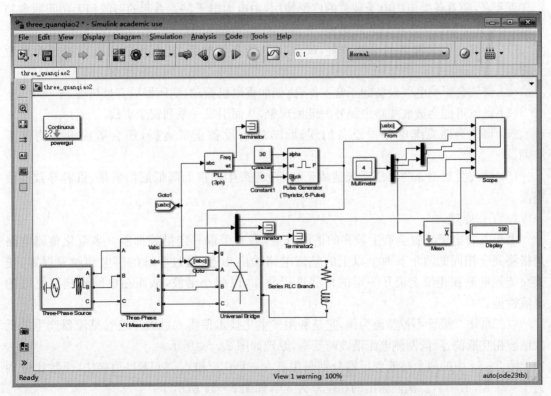

图 2 - 52 考虑漏感的三相桥式可控整流电路带阻感负载的仿真模型

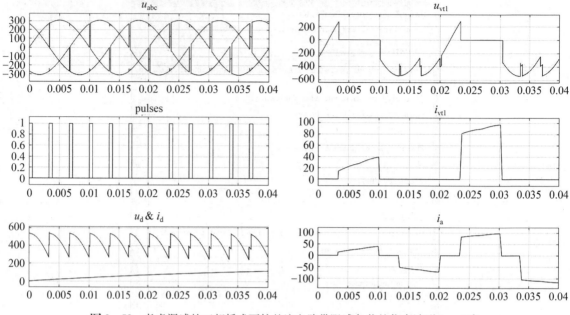

图 2-53 考虑漏感的三相桥式可控整流电路带阻感负载的仿真波形（$\alpha = 30°$）

2.3 多重化整流电路

近年来，随着各类电力电子装置的广泛使用，由电力电子装置引起的谐波和无功问题愈趋严重，对公共电网产生以下较大危害：

（1）谐波会引起额外的谐波损耗，降低用电设备的效率，还有可能因线路过热而导致火灾。

（2）谐波会影响电气设备的正常工作，比如加重电机振动、变压器局部过热等。

（3）谐波可能会造成线路中额外的谐振现象，从而引发一系列安全事故。

（4）谐波会造成继电保护设备的误动作，影响设备正常运行，还会造成电气测量不准确。

（5）谐波会对相邻的通信系统造成干扰，轻者产生噪声而降低通信质量，重者导致通信崩溃。

1）工作原理

由于电力电子装置会产生较多的谐波分量，需要采取一定措施抑制。多重化整流电路是指将完全相同的两个及两个以上的整流电路输出相连，通过合理的供电和触发设置，使其交流侧电流在相位上错开一定的角度进行叠加，以减小谐波，从而在电网侧获得更好的电流性能。

以二重化二极管不控整流为例，它是利用多重化技术使得 6 脉波二极管整流器产生的低次谐波相互抵消，降低网侧电流谐波畸变率，原理如图 2-54 所示。

图 2-54 中的两个整流变压器分别采用△/△（Dd12）和△/Y（Dy1）型接法，匝数比分别为 1∶1、1.732∶1，二次侧输出的相位差为 30°，如图 2-55 所示。

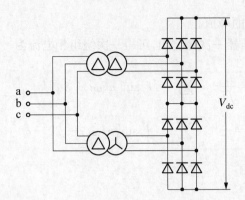

图 2 - 54　串联型二重化二极管不控整流器原理图

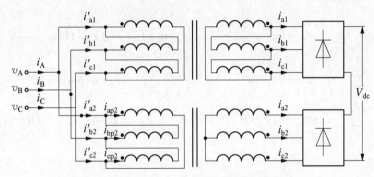

图 2 - 55　串联型二重化二极管整流器电路图

设两个隔离变压器二次侧输出线电流为

$$\left.\begin{aligned} i_{a1} &= \sum_{n=1,\,5,\,7,\,11,\,\cdots}^{\infty} I_n \sin(n\omega t) \\ i_{a2} &= \sum_{n=1,\,5,\,7,\,11,\,\cdots}^{\infty} I_n \sin[n(\omega t - \delta)] \end{aligned}\right\} \tag{2-12}$$

式中，$\delta = 30°$。

对于 Dd12 型变压器，匝数比为 1∶1，由于变压器二次侧的方式与一次侧绕组联结方式相同，因此二次侧电流 i_{a1} 可以直接折算到一次侧，即

$$i'_{a1} = i_{a1} = \sum_{n=1,\,5,\,7,\,11,\,\cdots}^{\infty} I_n \sin(n\omega t) \tag{2-13}$$

对于 Dy1 型变压器，匝数比为 1.732∶1，则变压器一次侧与二次侧的电压比为 1∶1，二次侧电压相位滞后一次侧 30°。设其二次侧三相对称系统中线电流为

$$\left.\begin{aligned} i_{a2} &= \sum_{n=1,\,5,\,7,\,11,\,\cdots}^{\infty} I_n \sin[n(\omega t - \delta)] \\ i_{b2} &= \sum_{n=1,\,5,\,7,\,11,\,\cdots}^{\infty} I_n \sin[n(\omega t - 120 - \delta)] \\ i_{c2} &= \sum_{n=1,\,5,\,7,\,11,\,\cdots}^{\infty} I_n \sin[n(\omega t - 240 - \delta)] \end{aligned}\right\} \tag{2-14}$$

式中，I_n 为第 n 次谐波电流的峰值。

将 i_{a2} 和 i_{b2} 折算到变压器一次侧绕组，可得一次绕组相电流为

$$\left.\begin{array}{l} i_{ap2}=\dfrac{1}{\sqrt{3}}\sum\limits_{n=1,5,7,11,\cdots}^{\infty} I_n \sin[n(\omega t-\delta)] \\[3mm] i_{bp2}=\dfrac{1}{\sqrt{3}}\sum\limits_{n=1,5,7,11,\cdots}^{\infty} I_n \sin[n(\omega t-120-\delta)] \end{array}\right\} \quad (2-15)$$

则一次侧线电流为

$$\begin{aligned} i'_{a2} &= i_{ap2}-i_{bp2} \\ &=\frac{1}{\sqrt{3}}\sum_{n=1,5,7,11,\cdots}^{\infty}\{I_n\sin[n(\omega t-\delta)]-I_n\sin[n(\omega t-120-\delta)]\} \\ &=\frac{1}{\sqrt{3}}\sum_{n=1,5,7,11,\cdots}^{\infty} I_n\{\sin[n(\omega t-\delta)]-\sin[n(\omega t-\delta)-120n]\} \\ &=\sum_{n=1,7,13,\cdots}^{\infty} I_n\sin(n\omega t+30°-n\delta)+\sum_{n=5,11,17,\cdots}^{\infty} I_n\sin(n\omega t-30°-n\delta) \\ &=\sum_{n=1,7,13,\cdots}^{\infty} I_n\sin[n\omega t-(n-1)\delta]+\sum_{n=5,11,17,\cdots}^{\infty} I_n\sin[n\omega t-(n+1)\delta] \quad (2-16) \end{aligned}$$

则输入电流为

$$\begin{aligned} i_A &= i'_{a1}+i'_{a2} \\ &=\sum_{n=1,5,7,11,\cdots}^{\infty} I_n\sin(n\omega t)+\sum_{n=1,7,13,\cdots}^{\infty} I_n\sin[n\omega t-(n-1)\delta]+ \\ &\quad \sum_{n=5,11,17,\cdots}^{\infty} I_n\sin[n\omega t-(n+1)\delta] \\ &=2I_n\sin(n\omega t)+2\sum_{n=1,2,3,\cdots}^{\infty} I_n\sin[(12n\pm1)\omega t] \quad (2-17) \end{aligned}$$

因此串联型二重化整流器可以使电流 i'_{a1} 和 i'_{a2} 中的 5、7、17、19 次等谐波相互抵消，使网侧输入电流 i_A 中只含 $(12n\pm1)$ 次谐波，从而大大降低输入侧电流谐波。

2）仿真分析

接下来进行串联型二重化整流电路带电阻性负载的仿真。基于 SimPowerSystems 模型库建立仿真如图 2-56 所示，输入交流电压的相电压有效值 U_2 为 220 V，负载电阻 $R_d=2\,\Omega$，仿真时间为 0.06 s，采用了离散仿真方式，采样时间为 $5e^{-6}$ s。

图中各模块的参数配置如下所述：

（1）三相交流电压源模块。图 2-56 所示仿真中，采用三个独立电压源构建三相电网电压。

（2）隔离变压器模块。隔离变压器 1 采用△/△（Dd12）型接法，匝数比为 1∶1；隔离变压器 2 采用△/Y（Dy1）型接法，匝数比为 1.732∶1。隔离变压器 1 和 2 的仿真设置分别如图 2-57、图 2-58 所示。需要注意的是，对于 Dy1 型变压器来说，匝数比为 1.732∶1，而变压器一次侧与二次侧的电压比为 1∶1，因此只是二次侧电压相位滞后 30°。

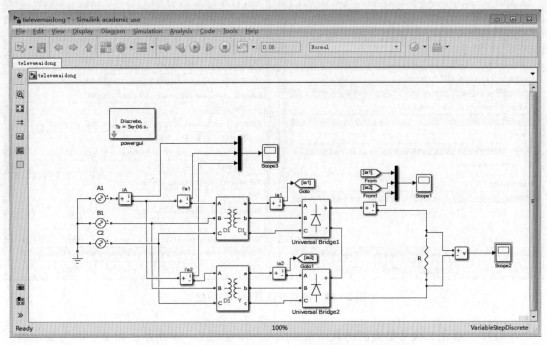

图2-56 串联型二重化二极管整流器的仿真模型

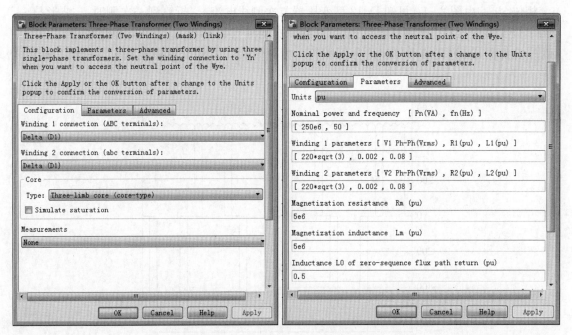

图2-57 隔离变压器1的参数配置

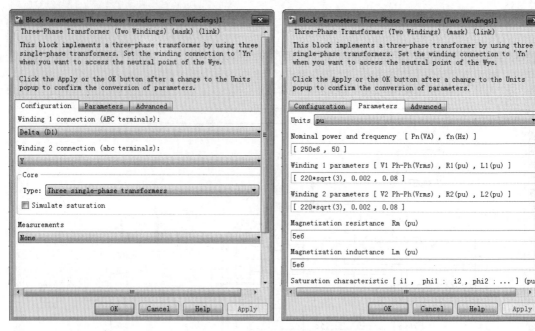

图 2-58 隔离变压器 2 的参数配置

串联型二重化二极管整流器仿真结果如图 2-59 至图 2-62 所示。图 2-59 为变压器二次侧线电流波形和直流侧电流波形,图 2-60 为变压器一次侧线电流波形和交流侧电流波形,图 2-61 为交流侧电流 FFT 分析,图 2-62 为直流侧电压波形。

由图 2-59 可知 Dd12 型变压器二次侧线电流 i_{a2} 相位滞后 Dy1 型变压器二次侧线电流 i_{a1} 相位 30°。由图 2-60 可知 Dd12 型变压器二次侧线电流 i_{a1} 折算到一次侧时 i'_{a1} 波形与 i_{a1} 相同,Dy1 型变压器二次侧线电流 i_{a2} 折算到一次侧时 i'_{a2} 波形与 i_{a2} 不同,交流侧电流 i_A 由 i'_{a1} 和 i'_{a2} 叠加而成,仿真结果与理论分析相符。由图 2-61 可知交流侧电流 i_A 只含($12n\pm1$)

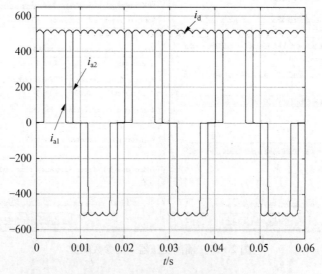

图 2-59 变压器二次侧线电流和直流侧输出电流波形

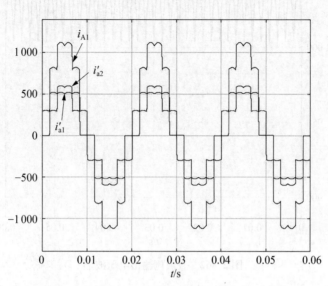

图 2 - 60 变压器一次侧线电流和交流侧输出电流波形

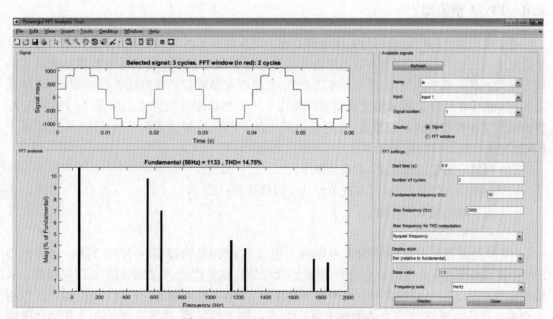

图 2 - 61 交流侧电流 i_A 的 FFT 分析

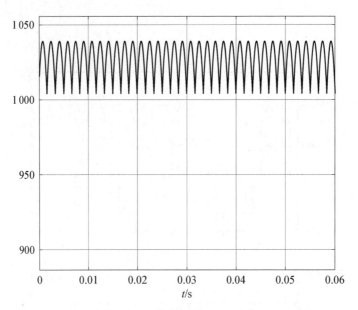

图 2 - 62 直流侧输出电压波形

次谐波,使电流 i'_{a1} 和 i'_{a2} 中的 5、7、17、19 次等谐波相互抵消,大大降低了网侧电流谐波。由图 2 - 62 可知 i_d 包含 12 脉波,验证了方案的正确性。

2.4 PWM 整流器

电力电子装置的广泛应用给公用电网造成了严重的谐波污染。交直流变换在整个电力电子装置中所占比例很大,绝大多数直流电源需要通过整流来获取。目前常规整流装置通常采用二极管或晶闸管相控整流,存在功率因数低、交流侧波形畸变严重等缺点。20 世纪 80 年代发展起来的 PWM 整流器采用全控型器件取代了半控型功率开关管或二极管,以 PWM 斩控整流取代了相控整流或不控整流,把逆变电路中的 PWM 控制技术用于整流电路,就形成了 PWM 整流电路。它的优势如下:

(1) 网侧电流接近正弦波(谐波含量小);

(2) 网侧功率因数可控,可实现单位功率因数控制;

(3) 可实现电能双向传输;

(4) 动态响应较快。

PWM 整流器从主电路结构上可以分为电压源型和电流源型两大类,其中,电压源型 PWM 整流器因直流电压脉动小、输入电流连续且易控制等优点,是如今的主要研究对象。从输出电平角度,PWM 整流器可分为两电平整流器、三电平整流器等。PWM 整流器广泛应用于交直交传动领域、有源电力滤波和无功补偿、统一潮流控制器、超导磁能存储、太阳能和风能等可再生能源的并网发电以及新型 UPS、高压直流输电等领域。

下面以两电平三相桥式 PWM 整流器为例,在简述其控制系统设计的基础上,基于 Simulink 仿真环境进行 PWM 整流器仿真验证。

2.4.1　两电平三相桥式 PWM 整流器的控制系统设计

1) 电流内环设计

两电平三相桥式 PWM 整流电路的拓扑结构如图 2‑63 所示。

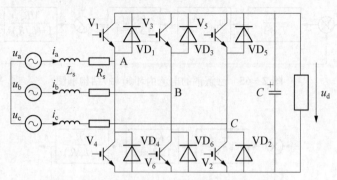

图 2‑63　两电平三相桥式 PWM 整流电路

在对 PWM 整流器进行数学建模时,常假设:①电网为理想电网;②功率器件为理想器件,即可忽略其开关压降和损耗;③直流侧负载为等效负载。

上述 PWM 整流器在两相旋转坐标系下的整流器模型为

$$\left.\begin{array}{l} L_s \dfrac{\mathrm{d}i_d}{\mathrm{d}t} + R_s i_d - \omega_s L_s i_q + v_d = u_d \\[4mm] L_s \dfrac{\mathrm{d}i_q}{\mathrm{d}t} + R_s i_q + \omega_s L_s i_d + v_q = u_q \end{array}\right\} \tag{2-18}$$

式中,u_d、u_q 为网侧电压的 d、q 分量;v_d、v_q 和 i_d、i_q 分别为交流侧电压、电流的 d、q 分量;p 为微分算子;ω_s 为电网角频率。

假设 dq 坐标系中的 q 轴与电网电动势矢量 $\boldsymbol{u}_{dq}$ 重合,则电网电动势矢量 d 轴分量 $u_d = 0$。

从式(2‑18)可知,由于 PWM 整流器 dq 轴变量相互耦合,因而会给控制器设计造成一定困难,为此可采用前馈解耦控制策略。当电流调节器采用 PI 调节器时,则 v_d、v_q 的控制方程为

$$\left.\begin{array}{l} v_q = -\left(K_{iP} + \dfrac{K_{iI}}{s}\right)(i_q^* - i_q) - \omega_s L_s i_d + u_q \\[4mm] v_d = -\left(K_{iP} + \dfrac{K_{iI}}{s}\right)(i_d^* - i_d) + \omega_s L_s i_q + u_d \end{array}\right\} \tag{2-19}$$

式中,K_{iP}、K_{iI} 为电流内环 PI 调节器的比例和积分系数。式(2‑19)所对应的电流内环解耦控制结构如图 2‑64 所示。

由于 dq 轴电流内环的 PI 参数时一样的,下面以 q 轴电流为例进行电流内环调节器的设计。考虑电流内环信号采样的延迟和 PWM 控制的小惯性特性,已解耦的 q 轴电流内环结构如图 2‑65 所示。其中,T_s 为电流内环的采样周期,即 PWM 开关周期,KPWM 为 PWM 等效增益。为了简化分析,不考虑 u_q 扰动,

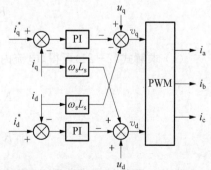

图 2‑64　PWM 整流器电流内环解耦控制结构框图

并将小时间常数 $T_s/2$ 和 T_s 进行高频小惯性环节的合并处理,可以得到如图 2-66 所示 q 轴电流简化框图(其中 $K_{iP}=\tau_i K_{iI}$)。

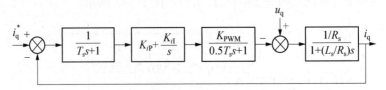

图 2-65 已解耦的电流内环(q 轴)结构框图

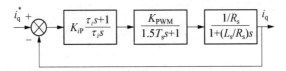

图 2-66 简化的电流内环(q 轴)结构框图

对于图 2-66 所描述的电流内环框图,可采用经典控制理论对其进行调节器参数设计,本书采用按典型 I 型系统设计的方式(图 2-67)。

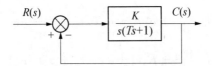

图 2-67 典型 I 型系统的结构框图

(1) 为了构成典型 I 型系统,可用 PI 调节器的零点抵消电流控制对象传递函数的极点,即 $\tau_i = L_s/R_s$。

(2) q 轴电流内环的开环传递函数为

$$W_{oi}(s) = \frac{K_{iP}K_{PWM}}{R_s\tau_i s(1.5T_s s + 1)} \tag{2-20}$$

(3) 按照典型 I 型系统的西门子最佳整定原则,应取系统阻尼系数为 0.707,此时典型 I 型系统中的 $KT=0.5$,对应式(2-20),即

$$\frac{K_{iP}K_{PWM}}{R_s\tau_i}1.5T_s = 0.5 \tag{2-21}$$

(4) 求解式(2-21)可得,电流内环 PI 调节器的参数为

$$\left.\begin{array}{l} K_{iP} = \dfrac{R_s\tau_i}{3T_s K_{PWM}} \\[3mm] K_{iI} = \dfrac{K_{iP}}{\tau_i} = \dfrac{R_s}{3T_s K_{PWM}} \end{array}\right\} \tag{2-22}$$

电流内环设计完成之后,可将其作为电压外环的一部分进行处理,根据图 2-65 结合所设计的电流调节器参数,可得电流内环的闭环传递函数为

$$W_{ci}(s) = \cfrac{1}{1 + \cfrac{R_s \tau_i}{K_{iP} K_{PWM}} s + \cfrac{1.5 T_s R_s \tau_i}{K_{iP} K_{PWM}} s^2} \tag{2-23}$$

当开关频率足够高即 T_s 足够小时,由于 s^2 系数远小于 s 项系数,因此可忽略 s^2 项,式(2-23)可简化为

$$W_{ci}(s) \approx \cfrac{1}{1 + \cfrac{R_s \tau_i}{K_{iP} K_{PWM}} s} \tag{2-24}$$

将式(2-21)代入式(2-24),可得到电流内环简化后的等效传递函数为

$$W_{ci}(s) \approx \frac{1}{1 + 3T_s s} \tag{2-25}$$

2) 电压外环设计

电压外环控制的目的是为了稳定 PWM 整流器整流侧电压 u_d,为简化控制系统设计,当开关频率远高于电网电动势基波频率时,可忽略 PWM 谐波分量。经过推导可得,当不考虑负载扰动时,电压外环的简化结构如图 2-68 所示。其中,τ_v 是电压采样小惯性时间常数,$T_{ev} = \tau_v + 3T_s$、K_v 和 T_v 分别为电压外环的 PI 调节器参数。

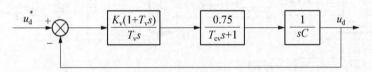

图 2-68　电压外环的简化结构图

由于电压外环的主要控制作用是稳定直流侧电压,故对其进行控制系统设计时,应着重考虑抗扰性能,可以按典型Ⅱ型系统进行设计(图 2-69)。

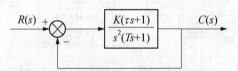

图 2-69　典型Ⅱ型系统的结构框图

电压外环的开环传递函数为

$$W_{ov}(s) = \frac{0.75 K_v (T_v s + 1)}{C T_v s^2 (T_{ev} s + 1)} \tag{2-26}$$

可得到电压外环的中频带宽 h_v 为

$$h_v = \frac{T_v}{T_{ev}} \tag{2-27}$$

由典型Ⅱ型系统的控制器参数整定原则可得

$$\frac{0.75 K_v}{C T_v} = \frac{h_v + 1}{2 h_v^2 T_{ev}^2} \tag{2-28}$$

综合电压外环的抗扰性能和跟随性能,一般取中频带宽 h_v 为 5,则可以求解得到电压外环的调节器参数为

$$\left.\begin{aligned} T_v &= 5T_{ev} = 5(\tau_v + 3T_s) \\ K_v &= \frac{4C}{(\tau_v + 3T_s)} \end{aligned}\right\} \qquad (2-29)$$

2.4.2 两电平三相桥式 PWM 整流器的仿真

基于 SimPowerSystems 搭建的两电平三相桥式 PWM 整流器的仿真模型如图 2-70 所示。电网电压幅值为 100 V,交流侧电感 $L_s = 6\,\mathrm{mH}$、电阻 $R_s = 0.1\,\Omega$,采用全控型 IGBT 器件作为功率开关管,器件开关频率为 5 kHz,直流侧稳压电容 1 880e^{-6} F,负载电阻为 100 Ω,直流侧电压给定为 400 V。

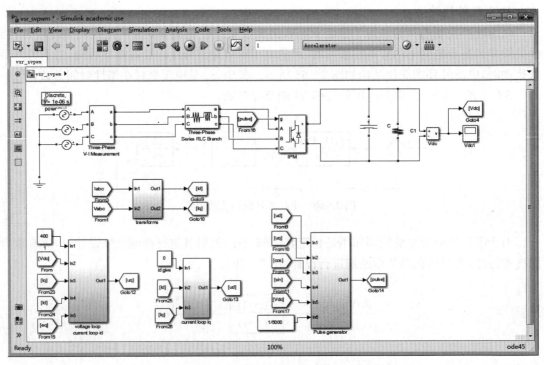

图 2-70 两电平三相桥式 PWM 整流器的仿真模型

整个仿真模型包括以下几部分:

(1) 主电路模块。包括三相电网、交流侧电感电阻、采用 IGBT 的两电平三相桥式 PWM 整流器、直流侧稳压电容及负载电阻,另外还包括了网侧电压电流和直流侧电压检测模块。

(2) 电压电流坐标变换模块。其功能是将三相电压电流信号,通过坐标变换转换为 dq 旋转坐标系下,方便进行控制系统设计,对应的子系统展开模型如图 2-71a 所示。

(3) 电压电流双闭环子系统。对应 2.4.1 章节的内容,电压外环的输出作为 q 轴电流给定,d 轴电流给定为零,对应的子系统展开模型如图 2-71b 和图 2-71c 所示。

(4) PWM 脉冲生成子系统。采用的 SVPWM 调制策略,如图 2-71d 所示。

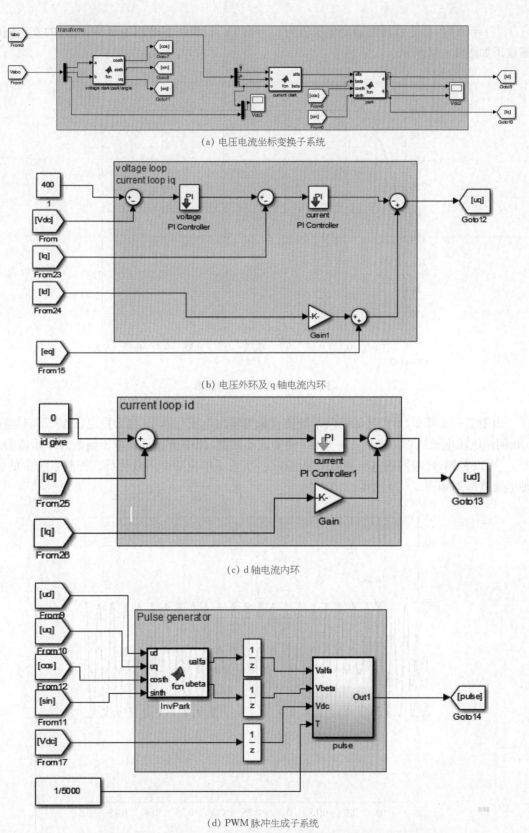

(a) 电压电流坐标变换子系统

(b) 电压外环及 q 轴电流内环

(c) d 轴电流内环

(d) PWM 脉冲生成子系统

图 2-71　两电平三相桥式 PWM 整流器仿真模型的各子系统

当 $t=0$ s时,给定直流侧输出电压值为 $u_d=400$ V,设置仿真时间为 0.5 s,此时的直流侧电压波形如图 $2-72$ 所示。

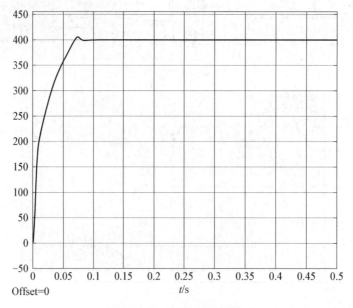

图 2-72 直流侧电压波形

由图 $2-72$ 可知,所设计的控制系统使直流侧输出电压在 0.1 s 之后稳定在 400 V,对应的 a 相网侧电压电流波形如图 $2-73$ 所示(便于波形观测,图中所显示的电压幅值为原始值的一半)。可以看到,此时网侧电压电流完全同相位,实现了单位功率因数运行。控制系统中的 dq 轴电流波形则如图 $2-74$ 所示。

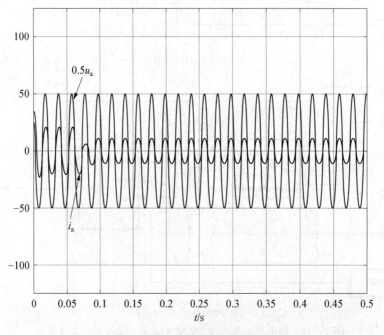

图 2-73 网侧电压电流波形

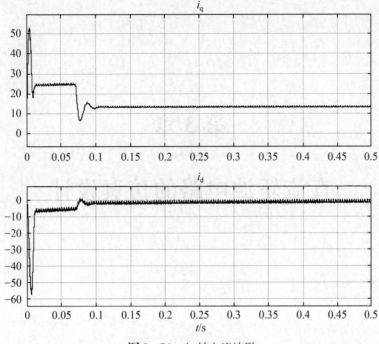

图 2-74 dq 轴电流波形

接着，对图 2-73 中的网侧电流进行 FFT 分析，结果如图 2-75 所示。此时的网侧电流总谐波畸变率仅为 4.10%，相比晶闸管整流器来说谐波畸变大幅降低，从而有效减少对公共电网的谐波污染，验证了上述理论分析。

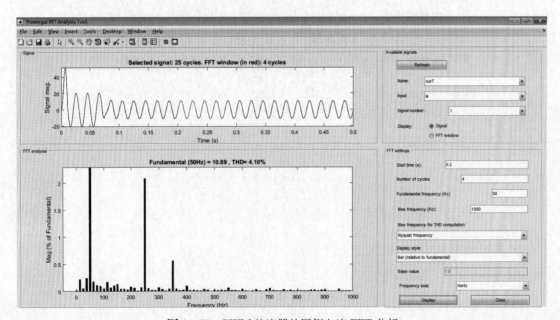

图 2-75 PWM 整流器的网侧电流 FFT 分析

第 3 章

直流斩波电路的仿真设计

本章内容

本章介绍了降压、升压直流斩波电路的工作原理及仿真模型搭建,以及隔离型全桥直流斩波电路的仿真设计,还介绍了采用 PWM 控制技术的直流变换电路。

本章特点

本章从直流斩波拓扑、工作原理以及仿真模型搭建、仿真结果分析等方面介绍了不同直流斩波电路的仿真设计。

　　直流斩波电路是一种将某一恒定直流电压源,通过电力电子器件的开通关断控制,变换成另一可调直流电压源的电路。它具有效率高、体积小、重量轻等系列优点,广泛应用于直流牵引拖动、可调直流电源的开关电源领域,如通信电源、计算机等。全控型电力电子器件及其相关控制技术的快速发展,促进了直流变流技术的发展,提高了直流变换电路的动态性能。直流斩波电路的拓扑结构多种多样,根据输入和输出是否隔离可分为非隔离型和隔离型斩波电路。根据电路形式的不同,非隔离型电路可分为降压、升压、升降压、Cuk、Sepic 和 Zeta 等类型,隔离型电路则可分为正激、反激、推挽、半桥和全桥等形式。

　　本章介绍了基于直流 PWM 调制的非隔离型降压、升压斩波电路的开闭环仿真方法,并以隔离型全桥直流斩波电路为例,介绍其工作原理和仿真设计。

3.1　降压斩波电路

3.1.1　工作原理

　　降压斩波电路又称为 Buck 斩波电路,电路拓扑结构如图 3-1 所示。由直流电压源、全控型电力电子器件 S(图 3-1 中为 IGBT)、续流二极管、滤波电感、稳压电容和负载组成。

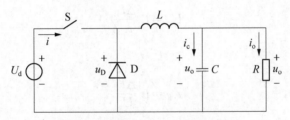

图 3-1　降压斩波电路原理图

在 t_{on} 时间段内 IGBT 开通,电感储能,二极管反偏;在 t_{off} 时间段内 IGBT 关断,电感释放能量,二极管导通续流,输出电压平均值为

$$U_o = \frac{1}{T}\int_0^{t_{on}} u_o \mathrm{d}t = \frac{t_{on}}{T}U_d = \alpha U_d \quad (3-1)$$

式中,t_{on} 为 IGBT 导通时间;T 为 IGBT 的开关周期,$T = t_{on} + t_{off}$;α 为占空比。

　　由式(3-1)可知,改变占空比,可得到电压在 $0 \sim U_d$ 范围内的连续可调直流电压。由于 $t_{on} \leqslant T$,所以负载直流电压 $U_o \leqslant U_d$,故称为降压斩波电路。

　　降压斩波电路可能的运行情况根据电感中的电流 i_L 是否连续,可以分为连续模式、临界连续模式和断续模式三种(图 3-2)。而 i_L 是否连续,不仅取决于滤波电感值的大小,还取决于电力电子器件的开

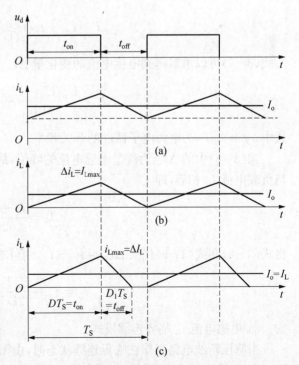

图 3-2　电流连续、临界连续以及断续模式的输入输出波形

关频率、滤波电感 L 和稳压电容 C 的大小。

1) 电感电流 i_L 连续模式

在 t_{on} 期间，电感电压 u_L 为

$$u_L = L \frac{di_L}{dt} \tag{3-2}$$

由于电感 L 和电容 C 无损耗，假设电路工作过程中，负载电流 i_L 从 I_1 线性增长至 I_2，式 (3-2)可写成

$$U_d - U_o = L \frac{I_2 - I_1}{t_{on}} = L \frac{\Delta I_L}{t_{on}} \tag{3-3}$$

式中，$\Delta I_L = I_2 - I_1$ 为电感电流的变化量，U_o 为输出电压平均值，同时可求得 t_{on} 为

$$t_{on} = L \frac{\Delta I_L}{U_d - U_o} \tag{3-4}$$

在 t_{off} 期间，假设电感中的电流 i_L 从 I_2 下降到 I_1，则有

$$U_o = L \frac{\Delta I_L}{t_{off}} \tag{3-5}$$

即

$$t_{off} = L \frac{\Delta I_L}{U_o} \tag{3-6}$$

由式(3-4)和式(3-6)可求得电力电子器件的开关周期 T 为

$$T = t_{on} + t_{off} = \frac{\Delta I_L L U_d}{U_o(U_d - U_o)} \tag{3-7}$$

由式(3-7)可以求解得到电感电流的变化量 ΔI_L 为

$$\Delta I_L = \frac{U_o(U_d - U_o)}{fLU_d} = \frac{U_o(1-\alpha)}{fL} \tag{3-8}$$

式中，$f = 1/T$，为电力电子器件的开关频率。

式(3-8)中的 ΔI_L 为流过电感电流的峰值，最大值为 I_2，最小值为 I_1，电感电流的平均值与负载电流 I_o 相等，即

$$I_o = \frac{I_1 + I_2}{2} \tag{3-9}$$

将式(3-8)和式(3-9)代入 $\Delta I_L = I_2 - I_1$，则可求解得到

$$I_1 = I_o - \frac{U_d T}{2L} \alpha(1-\alpha) \tag{3-10}$$

2) 电感电流 i_L 临界连续模式

当降压斩波电路工作在临界连续状态时，由图 3-2b 可知，此时 $I_1 = 0$，结合式(3-10)可知，此时维持电流临界连续的电感值 L_o 为

$$L_\text{o} = \frac{U_\text{d}T}{2I_\text{ok}}\alpha(1-\alpha) \qquad (3-11)$$

此时的负载电流平均值 I_ok 为

$$I_\text{ok} = \frac{U_\text{d}T}{2L_\text{o}}\alpha(1-\alpha) \qquad (3-12)$$

可见,临界负载电流与输入电压、器件开关周期、滤波电感和器件占空比有关。当实际电流 I_o 大于 I_ok 时,负载电流连续;当实际电流 I_o 等于 I_ok 时,负载电流临界连续;当实际电流 I_o 小于 I_ok 时,负载电流断续。

3) 输出纹波电压

纹波电压值是评价直流斩波电路的一个重要指标。在降压斩波电路中,如果滤波电容 C 的容量足够大,则输出电压 U_o 为常数;然而,在电容 C 为有限值的情况下,直流输出电压将会有纹波成分。

电流连续时的输出电压纹波为

$$\frac{\Delta U_\text{o}}{U_\text{o}} = \frac{1-\alpha}{8LCf^2} = \frac{\pi^2}{2}(1-\alpha)\left(\frac{f_c}{f}\right)^2 \qquad (3-13)$$

式中,f_c 为电路的截止频率,可由电感、电容计算得到。

式(3-13)表明通过选择合适的 L、C 值,当满足 $f_c \ll f$ 时,可以限制输出纹波电压的大小,而且纹波电压的大小与负载无关。

3.1.2　仿真搭建

试设计一个降压变压器,输入电压 U_d 为 24 V,期望输出电压 U_o 为 5 V,纹波电压要求为输出电压的 0.2%,负载电阻为 10 Ω,工作频率为 20 kHz,要求电感电流连续。

1) 参数设计

(1) 选择 IGBT 作为开关器件,器件开关为 20 kHz。

(2) 占空比计算。因输入电压 U_d 为 24 V,期望输出电压 U_o 为 5 V,故占空比 $\alpha = U_\text{d}/U_\text{o} = 0.208\,3$。

(3) 电感参数设计。由于期望输出电压 U_o 为 5 V,负载电阻为 10 Ω,因而负载电流平均值 $I_\text{ok} = 0.5$ A。根据式(3-11)计算得到临界电感值 L_o 为 $1.978\,9 \times 10^{-4}$ H,所设计电感值需大于临界电感值 L_o,才能满足电流连续条件。本仿真中取 1.5 倍临界电感值,即 $L = 1.5L_\text{o} = 2.97 \times 10^{-4}$ H。

(4) 电容参数设计。由于纹波电压要求为输出电压的 0.2%,根据式(3-13)得

$$\frac{\Delta U_\text{o}}{U_\text{o}} = \frac{1-\alpha}{8LCf^2} = 0.2\% \qquad (3-14)$$

由式(3-14)可计算得到满足条件的临界电容为

$$C = \frac{1-\alpha}{8Lf^2 \times 0.002} = \frac{1-0.208\,3}{8 \times 2.97 \times 10^{-4} \times (200\,000)^2 \times 0.002} \qquad (3-15)$$
$$= 5.37 \times 10^{-4}\text{ F}$$

本仿真中取 1.2 倍的临界电容值,即 C 为 6.44×10^{-4} F。

2) 模型搭建

基于 SimPowerSystems 搭建的降压斩波电路仿真模型如图 3-3 所示。图中各模块参数配置如下所述。

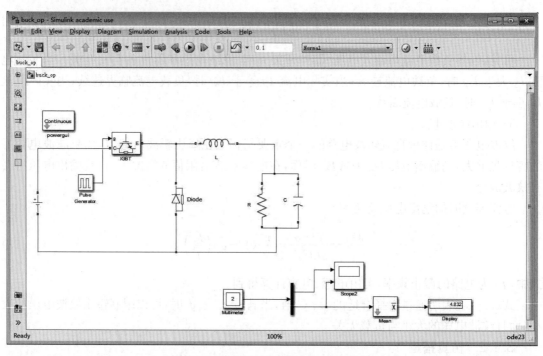

图 3-3　降压斩波电路的开环仿真模型

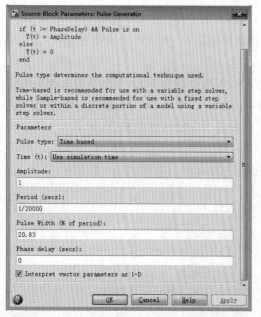

图 3-4　降压斩波电路的脉冲生成环节参数配置

(1) 直流电压源。设置直流电压源的幅值为 24 V，作为输入直流电压 U_d。

(2) 仿真参数设置。根据理论计算结果，设置滤波电感参数为 2.97×10^{-4} H，设置稳压电容值为 6.44×10^{-4} F，设置负载电阻为 10 Ω。本仿真的重点是设置 IGBT 的触发脉冲，采用 Pulse Generator 模块进行脉冲触发，脉冲幅值为 1，脉冲周期为器件开关周期即 $(1/20\ 000)$ s，脉冲占空比为 20.83%，如图 3-4 所示。

3) 仿真分析

图 3-3 所示降压斩波电路为开环运行，稳定之后直流侧输出电压稳定在 4.832 V，基本达到了设计要求。此时对应的电感电流和负载电压波形如图 3-5a 所示，对应局部放大图如图 3-5b 所示，可以看到此时电感电流 i_L 连续、负载电压 u_d 的纹波电压满足设计要求；开环系统输出电压精度不高的原因是实际运行中开关器件的导通压降等因素影响，为进一步提高斩

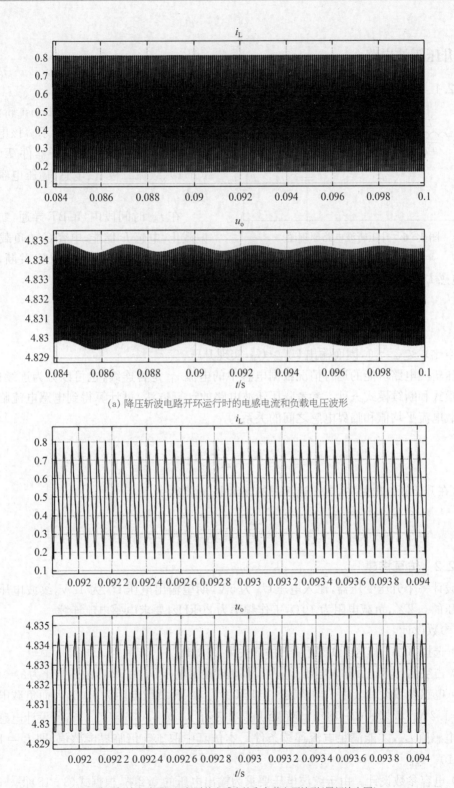

(a) 降压斩波电路开环运行时的电感电流和负载电压波形

(b) 降压斩波电路开环运行时的电感电流和负载电压波形(局部放大图)

图 3 - 5　降压斩波电路开环运行时的电感电流和负载电压波形

波电路的精度,可采用直流 PWM 调制技术结合闭环控制技术实现,对应内容将在 3.4 节中介绍。

3.2 升压斩波电路

3.2.1 工作原理

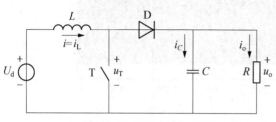

图 3 - 6 升压斩波电路原理图

升压斩波电路又称为 Boost 斩波电路，电路拓扑结构如图 3 - 6 所示。该电路由直流电压源、全控型电力电子器件 T（图中为 IGBT）、续流二极管、电感、稳压电容和负载组成。

在 t_{on} 时间段内，IGBT 导通，二极管反偏截止，电感 L 储能，电容 C 给负载 R 提供能量。在 t_{off} 时间段内，IGBT 关断，二极管导通，电感 L 经二极管给电容充电，并向负载提供能量。输出电压平均值为

$$U_o = \frac{t_{on} + t_{off}}{t_{off}} U_d = \frac{U_d}{1 - \alpha} \tag{3-16}$$

由于占空比 $0 \leqslant \alpha < 1$，因而输出 $U_o \geqslant U_d$，实现升压。

升压斩波电路可能的运行情况根据电感中的电流 i_L 是否连续，也可以分为连续模式、临界连续模式和断续模式三种。参考降压斩波电路的计算方法，可计算得到电感电流临界连续时的负载电流平均值和临界电感之间的关系为

$$I_{ok} = \frac{\alpha T}{2L_o} U_d \tag{3-17}$$

同样的，在升压斩波电路中，电流连续时的输出电压纹波为

$$\frac{\Delta U_o}{U_o} = \frac{\alpha T}{RC} \tag{3-18}$$

3.2.2 仿真搭建

试设计一个升压变压器，输入电压 U_d 为 5 V，期望输出电压 U_o 为 12 V，纹波电压要求为输出电压的 0.2%，负载电阻为 10 Ω，工作频率为 20 kHz，要求电感电流连续。

1）参数设计

（1）选择 IGBT 作为开关器件，器件开关为 20 kHz。

（2）占空比计算。因输入电压 U_d 为 5 V，期望输出电压 U_o 为 12 V，故占空比为 $\alpha = 0.583$。

（3）电感参数设计。由于期望输出电压 U_o 为 12 V，负载电阻为 10 Ω，因而负载电流平均值 $I_{ok} = 1.2$ A。根据式（3 - 18）计算得到临界电感值 L_o 为 6.076×10^{-5} H，所设计电感值需大于临界电感值 L_o，才能满足电流连续条件。本仿真中取 1.5 倍临界电感值，即 $L = 1.5L_o = 9.01 \times 10^{-5}$ H。

（4）电容参数设计。由于纹波电压要求为输出电压的 0.2%，根据式（3 - 18）得

$$\frac{\Delta U_o}{U_o} = \frac{\alpha T}{RC} = 0.2\% \tag{3-19}$$

由式（3 - 19）可计算得到满足条件的临界电容为

$$C = \frac{\alpha T}{R \times 0.002} = \frac{0.583}{10 \times 0.002} \frac{1}{20\,000} = 1.46 \times 10^{-3}\ \text{F} \tag{3-20}$$

本仿真中取 1.2 倍的临界电容值, 即 C 为 1.75×10^{-3} F。

2) 模型搭建

基于 SimPowerSystems 搭建的降压斩波电路仿真模型如图 3-7 所示。图中各模块参数配置如下所述。

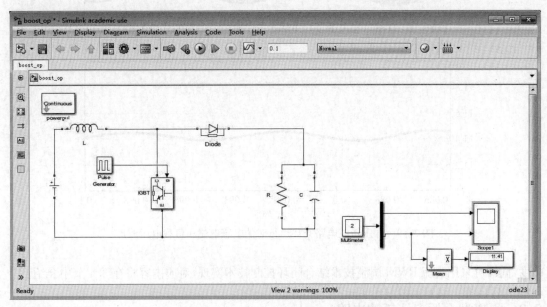

图 3-7　升压斩波电路的开环仿真模型

（1）直流电压源。设置直流电压源的幅值为 5 V, 作为输入直流电压 U_d。

（2）仿真参数设置。根据理论计算结果, 设置滤波电感参数为 9.01×10^{-5} H, 设置稳压电容值为 1.75×10^{-3} F, 设置负载电阻为 $10\,\Omega$。采用 Pulse Generator 模块进行脉冲触发, 脉冲幅值为 2, 脉冲周期为器件开关周期, 即$(1/20\,000)$ s, 脉冲占空比为 58.3%, 如图 3-8 所示。

3) 仿真分析

图 3-7 所示升压斩波电路为开环运行, 稳定之后直流侧输出电压稳定在 11.41 V, 基本达到了设计要求。此时对应的电感电流、负载电流和负载电压波形如图 3-9 所示。可以看到, 此时电感电流 i_L 连续, 负载电压 u_d 的纹波电压满足设计要求。开环系统输出电压精度不高的原因是实际运行中开关器件的导通压降等因素影响, 为了进一步提高斩波电路的

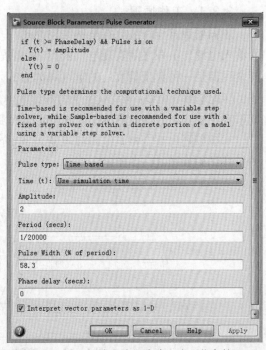

图 3-8　升压斩波电路的脉冲生成环节参数配置

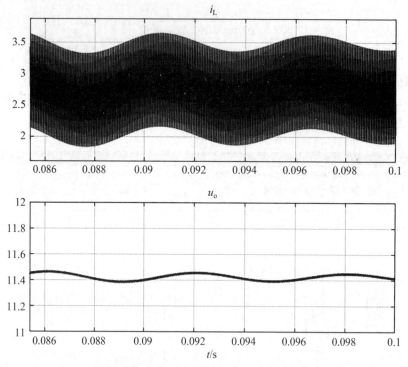

图 3-9 升压斩波电路开环运行时的电感电流和负载电压波形

精度,同样可采用直流 PWM 调制技术结合闭环控制技术实现,对应内容将在 3.4 节中介绍。

3.3 隔离型全桥直流斩波电路

3.3.1 工作原理

非隔离型直流斩波电路虽然结构原理简单,但在实际应用中,隔离型斩波电路能使变换器的输入电源与负载之间实现电气隔离,从而提高变换器运行的安全可靠性和电磁兼容性。隔离变压器是一种典型且实用的电气隔离方式,它不仅能实现输入电源和负载之间的电气隔离,还可匹配电源电压 U_d 与负载所需的输出的电压 U_o,能使整流变换器的占空比适中而不至于接近于零或接近于 1;同时隔离变压器还能设置多个二次绕组输出几个电压大小不同的直流电压。

本节以隔离型全桥直流斩波电路为例,介绍其工作原理。典型隔离型全桥直流斩波电路的拓扑结构如图 3-10 所示。

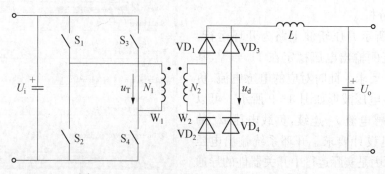

图 3-10 隔离型全桥直流斩波电路的原理图

采用四个开关器件构成全桥电路,使 $(S_1$、$S_4)$ 和 $(S_2$、$S_3)$ 交替导通将直流电压变成幅值为 U_i 的交流电压,加在变压器的一次侧。改变开关的占空比,就可以改变二次侧整流电压 u_d 的平均值,也就改变了输出电压 U_o。

电路的工作过程为:当 S_1 和 S_4 导通、S_2 和 S_3 关断时,变压器二次侧二极管 VD_1 和 VD_4 导通,电感 L 中的电流逐渐上升;当 S_2 和 S_3 导通、S_1 和 S_4 关断时,变压器一次侧电压和二次侧电压反向,二极管 VD_2 和 VD_3 导通,电感 L 中的电流逐渐上升;当 $S_1 \sim S_4$ 都关断时,由电感 L 给负载提供能量,$VD_1 \sim VD_4$ 都导通续流,各承担二分之一的负载电流,电感释放能量,电流逐渐下降。当电感足够大且负载电流连续时的波形如图 3-11 所示。

假如 S_1、S_4 和 S_2、S_3 的导通时间不对称,则交流电压 u_T 中将含有直流分量,会在变压器一次侧产生很大的直流电流,从而造成铁芯饱和。为了避免这个问题,可以在一次侧串一个电容,以隔断直流电流。同样的,全桥变换电路中如果同一侧半桥的上下两个开关管同时导通,将引起电源短路。因此,每个开关管各自的占空比不能超过 50%,且要留有余量。

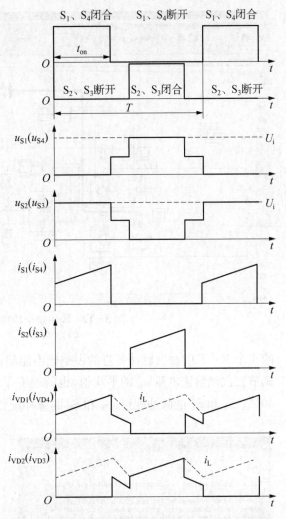

图 3-11 隔离型全桥直流斩波电路的理论工作波形

当滤波电感 L 的电流连续时,隔离型全桥直流斩波电路的输入和输出关系为

$$\frac{U_o}{U_i} = \frac{N_2}{N_1}\frac{2t_{on}}{T} \tag{3-21}$$

式中,N_1、N_2 分别为变压器一次侧和二次侧的匝数。

在采用相同电压和电流容量的开关器件时,全桥变换电路输出功率最大,但结构也是最复杂的,一般广泛应用于数百瓦甚至数百千瓦的各种工业用开关电源中。

3.3.2 仿真搭建

下面介绍隔离型全桥直流斩波电路的仿真。基于 SimPowerSystems 搭建的仿真模型如图 3-12 所示,直流输入电压为 110 V,一次侧采用四个 IGBT 构成电路,器件开关频率为 20 kHz,二次侧采用四个二极管构成全桥回路。直流侧滤波电感 1×10^{-3} H,电阻为 10 Ω,仿真时间为 0.1 s。

图中各模块参数配置如下所述。

(1) 一次侧全桥电路开关器件的触发脉冲设置。为避免电源短路,一次侧全桥变换电路

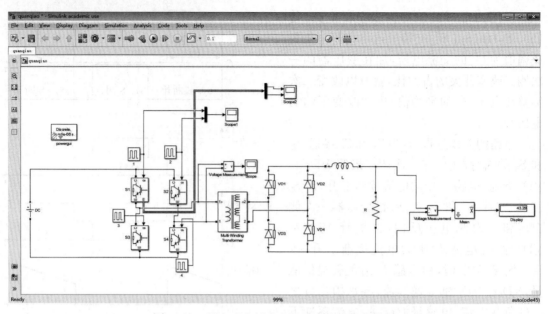

图3-12 隔离型全桥直流斩波电路的仿真模型

的 4 个 IGBT 的触发脉冲各自的占空比不能超过 50%，同时改变一次侧 IGBT 的占空比即可调节二次侧整流电压 u_d 的平均值，也就改变了输出电压 U_o。仿真中设置 IGBT 的占空比为 40%，S_1 和 S_4 的脉冲配置、S_2 和 S_3 的脉冲配置分配如图 3-13a 和图 3-13b 所示。

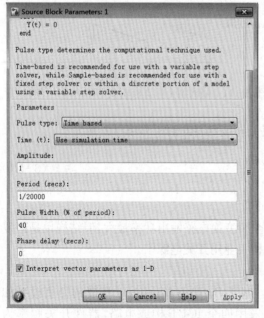

(a) S_1 和 S_4 的脉冲设计

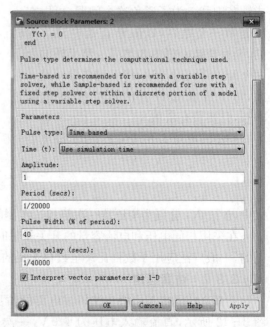

(b) S_2 和 S_3 的脉冲设计

图3-13 一次侧全桥变换电路的触发脉冲设计

（2）隔离变压器设置。隔离变压器采用 Multi-Winding Transformer 模块，原边和副边都有一个绕组，原边和副边电压分别为 $110\,\mathrm{V}$ 和 $55\,\mathrm{V}$，变压器额定频率为 $20\,\mathrm{kHz}$，具体参数配置

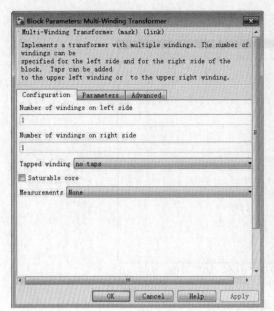

图 3-14 隔离变压器参数设计

如图 3-14 所示。

3.3.3 仿真分析

图 3-12 所示隔离型全桥直流斩波电路稳定之后直流侧输出电压稳定在 43.29 V，而由式 (3-21) 计算得到的理论值为 44 V，说明本设计基本达到了设计要求。此时对应的 S_1 管子两端电压电流的局部放大图如图 3-15 所示，基本与图 3-11 所示的理论波形一致，直流侧电压

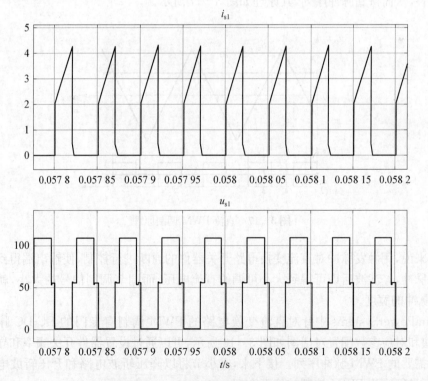

图 3-15 S_1 开关管的电流和电压波形

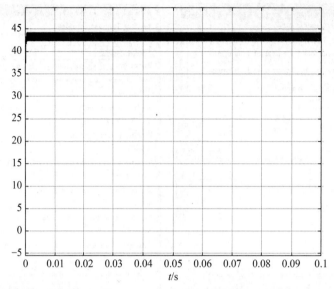

图 3 - 16 直流侧电压波形

值如图 3 - 16 所示。

3.4 采用 PWM 控制技术的直流变换电路

PWM 调制技术同样可以应用在直流变换电路中,只是调制信号变成了直流信号,即将期望直流电压源分成 N 等份,并把每一等份所包围的面积都用一个与其面积相等的等幅矩形波脉冲来代替,从而得到脉冲序列,其原理如图 3 - 17 所示。

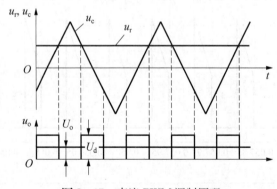

图 3 - 17 直流 PWM 调制原理

具体来说,用触发脉冲对直流变换电路开关器件的通断进行控制,使输出端得到一系列幅值相等的脉冲,经滤波后即可得到大小可调的直流电压;而调节调制信号的大小,就可以改变 PWM 波脉冲的宽度。

在 SimPowerSystems 中针对直流变换电路的 PWM 调制有专门的 DC-DC 脉冲触发模块,其模块和对应参数配置对话图如图 3 - 18 所示,可以通过设置器件开关频率和导通占空比来生成所需要的 PWM 脉冲序列。接下来,本小节将以降压斩波电路和升压斩波电路的闭环控制为例,进行直流 PWM 控制的仿真介绍。

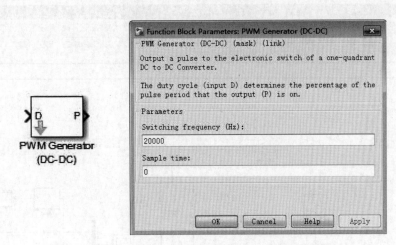

图 3 - 18 DC-DC PWM 脉冲生成模块及其参数配置对话框

1) 降压斩波电路

搭建的降压斩波电路的闭环控制模型如图 3 - 19 所示。与图 3 - 3 所示的开环仿真模型相比,IGBT 的触发脉冲不再由单个脉冲生成单元给出,而是通过电压外环经 PI 调节后由直流 PWM 调制模块给出,此时负载输出电压稳定在 5 V,提高了所设计电路的精度。

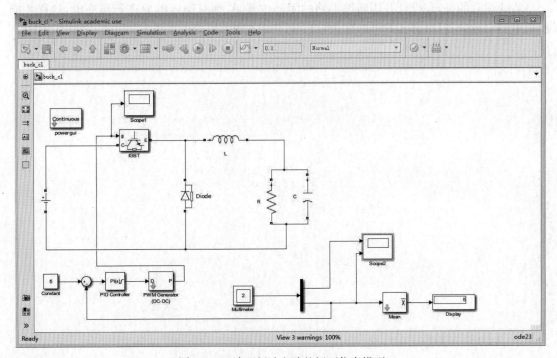

图 3 - 19 降压斩波电路的闭环仿真模型

2) 升压斩波电路

同样的,所搭建的升压斩波电路的闭环控制模型如图 3 - 20 所示。经过电压闭环控制和 PWM 调制后,电路负载电压稳定在期望的 12 V,控制精度得到了大幅度提高。

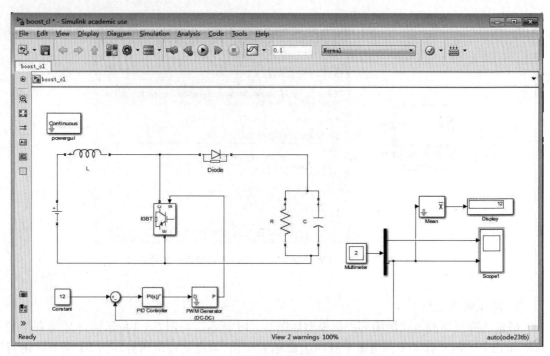

图 3‑20 升压斩波电路的闭环仿真模型

　　需要注意的是,在设计升压斩波电路的闭环仿真时,须对稳压电容进行预充电,这样才能确保电路有效运行(电容预充电电压值可以大于等于期望输出电压值)。

第 4 章

逆变电路的仿真设计

本章内容

本章首先介绍了单相逆变电路的方波调制、移相调压及 SPWM 调制方式,接着介绍了三相逆变电路的 SPWM 调制、PWM 跟踪控制及 SVPWM 控制技术,最后介绍了二极管钳位型三电平逆变器、H/NPC 五电平逆变器以及 MMC 五电平逆变器的电路拓扑和工作原理,并介绍了上述电路的仿真模型搭建、仿真结果分析。

本章特点

本章从无源逆变电路的拓扑、工作原理以及仿真模型搭建、仿真结果分析等方面介绍了不同逆变电路的仿真设计。

逆变电路是将直流电能变换成交流电能的一类电路,是现代电力电子技术领域的重要组成部分,广泛应用于工业和人们生活的各方面,比如交流电动机的变频调速、不间断电源、中高频感应加热、有源滤波和无功补偿、新能源并网发电以及多种家用电器(如变频空调、电磁灶等)。逆变技术的重要意义在于它在节能、高效和低耗方面的显著优势,如采用逆变技术来提高供电频率可以减小用电设备的体积与重量;采用逆变器控制交流电机的方式可以进行交流电机的变频调速,从而实现传动领域的节能减排。

逆变电路的种类众多,根据直流侧输入电量的形式可以分为电压源型逆变电路和电流源型逆变电路;从输出电平角度可分为两电平逆变电路、三电平逆变电路和多电平逆变电路;按交流输出相数又可分为单相逆变、三相逆变和多相逆变;按主电路的拓扑结构还可分为推挽式逆变、半桥或全桥逆变。各种形式的逆变电路都有各自的特点和所适用领域,本章以单相和三相电压源型逆变电路为例进行不同调制方式的仿真设计,同时针对应用较为广泛的三电平逆变电路、H 桥级联型多电平逆变电路和模块化多电平逆变电路,在简介其工作原理的基础上进行仿真设计。

4.1 单相逆变电路

4.1.1 方波调制方式

1) 工作原理

采用 IGBT 作为开关器件的单相全桥电压源型逆变电路如图 4-1a 所示,V_1 和 V_4、V_2 和 V_3 分别构成两对桥臂。采用方波调制时,两对桥臂交替导通 180°,带阻感负载时的输出电压电流波形如图 4-1b 所示。

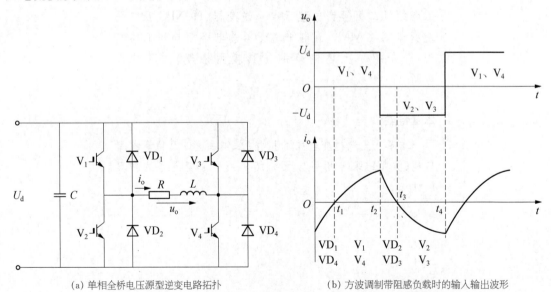

(a) 单相全桥电压源型逆变电路拓扑   (b) 方波调制带阻感负载时的输入输出波形

图 4-1 单相全桥电压源型逆变电路带阻感负载时的拓扑及理论波形(方波调制)

具体来说,方波调制时的电路工作过程如下:

(1) $t = t_1$ 时,V_1 和 V_4 导通,负载电流正向增大,负载电压 $u_o = U_d$。

(2) $t = t_2$ 时刻,V_1 和 V_4 关断,开通 V_2 和 V_3,但由于此时负载电流无法换向,因此 V_2 和 V_3 不能开通,而由 VD_2 和 VD_3 续流,负载电流正向减小,负载电压 $u_o = -U_d$。

（3）$t = t_3$ 时刻，负载电流正向减小至零，VD_2 和 VD_3 自然关断，此时 V_2 和 V_3 导通，负载电流反向增大，负载电压 $u_o = -U_d$。

（4）$t = t_4$ 时刻，V_2 和 V_3 关断，开通 V_1 和 V_4，但同样由于负载电流无法换向，因此 V_1 和 V_4 无法开通，而由 VD_1 和 VD_3 续流，负载电流反向减小，负载电压 $u_o = U_d$。

（5）在负载电流反向减小至零时，VD_1 和 VD_3 自然关断，此时 V_1 和 V_4 导通，重复上述过程。

由图 4-1b 所知，当负载电压 u_o 和 i_o 同相位时，电流从直流电源向负载提供能量；反之，电流经二极管续流将能量返回至电源。因而，$VD_1 \sim VD_4$ 四个二极管起到提供负载电流续流通道和反馈无功的作用。

方波调制时单相全桥逆变电路的输出电压为方波，进行定量分析时，将 u_o 展开成傅里叶级数，得

$$u_o = \frac{4U_d}{\pi}\left(\sin\omega t + \frac{1}{3}\sin 3\omega t + \frac{1}{5}\sin 5\omega t + \cdots\right) \tag{4-1}$$

其中，基波分量的幅值 U_{o1m} 和有效值 U_{o1} 分别为

$$U_{o1m} = \frac{4U_d}{\pi} = 1.27U_d \tag{4-2}$$

$$U_{o1} = \frac{2\sqrt{2}U_d}{\pi} = 0.9U_d \tag{4-3}$$

由式（4-2）和式（4-3）可知，方波调制时逆变电路的输出电压幅值和有效值只取决于直流输入电压 U_d 的大小，当 U_d 一定时，输出电压幅值和有效值固定，无法实现电压幅值的连续可调。

2）仿真分析

下面介绍单相全桥电压源型逆变电路方波调制的仿真分析。基于 SimPowerSystems 搭建的仿真模型如图 4-2 所示，直流侧输入电压 $U_d = 300$ V，期望输出的交流电压基波频率为

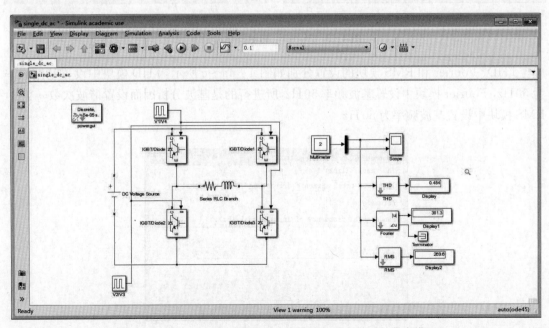

图 4-2　单相全桥电压源型逆变电路带阻感负载时的仿真模型

50 Hz,交流侧负载电阻 $R=1\Omega$、电感 $L=1\text{mH}$,仿真时间为 0.1 s。图 4-1a 中的 IGBT 和续流二极管采用带续流二极管的 IGBT 模块(IGBT/Diode),通过测量模块中的 THD、Fourier 和 RMS 模块分别读取基波分量的幅值、有效值和输出电压 u_o 的总谐波畸变率。

采用两个脉冲触发模块分别对 V_1 和 V_4、V_2 和 V_3 进行触发,脉冲幅值为 1、周期为期望输出交流电压的周期 0.02 s;由于是 180°的方波调制,因而脉冲占空比为 50%,V_2 和 V_3 分别与 V_1 和 V_4 反补,相差半个周期,即 0.01 s。对应的脉冲触发模块参数配置如图 4-3a、图 4-3b 所示。

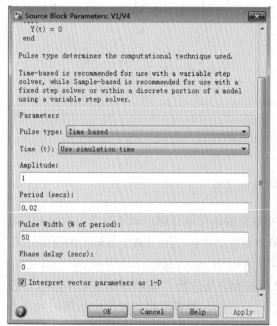
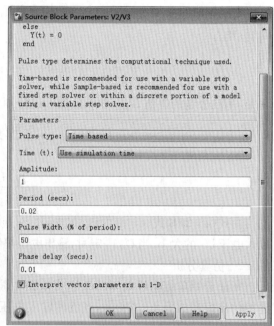

(a) V_1 和 V_4 的触发脉冲设置   (b) V_2 和 V_3 的触发脉冲设置

图 4-3 $V_1\sim V_4$ 的触发脉冲设置

THD、Fourier 和 RMS 模块的设置分别如图 4-4a~c 所示,THD 模块中设置基波频率为 50 Hz,Fourier 模块中设置基波频率 50 Hz,所进行的是基波分析因而设置谐波次数 n 为 1,RMS 模块中设置基波频率为 50 Hz。

(a) THD 模块参数设置

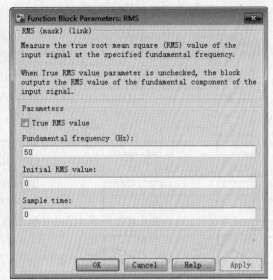

（b）Fourier 模块参数设置　　　　　（c）RMS 模块参数设置

图 4-4　测量模块的参数配置对话框

　　仿真得到输出电压的基波幅值为 $381.3\,\mathrm{V}$（理论值为 $381.97\,\mathrm{V}$）、基波有效值为 $269.6\,\mathrm{V}$（理论值为 $270\,\mathrm{V}$）、输出电压的总谐波畸变率为 48.4%，与理论分析基本一致；交流侧输出电压及电流的波形则如图 4-5 所示，可以看到输出电压是幅值为 $300\,\mathrm{V}$ 的方波信号、电流波形也与理论分析一致。

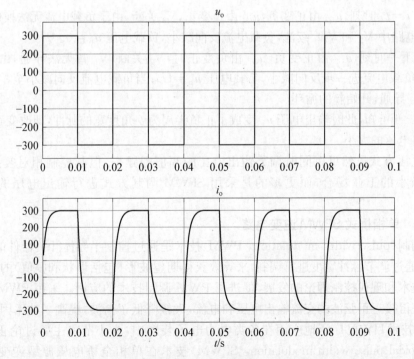

图 4-5　单相全桥电压源型逆变电路带阻感负载时的输出电压电流波形

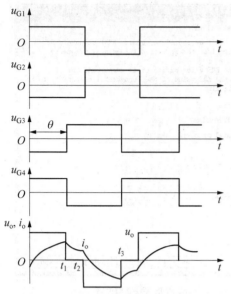

图 4 - 6 单相全桥电压源型逆变电路移相调压时的触发脉冲及输出电压电流波形

4.1.2 移相调压方式

移相调压方式的主电路电路拓扑结构同图 4 - 1a 所示,但控制信号有所不同,如图 4 - 6 所示。四个 IGBT 依旧是各导通 180°,但不再是 V_1 和 V_4 同步、V_2 和 V_3 同步;而是满足 V_1 和 V_2 的门极触发信号 u_{G1} 和 u_{G2} 互补,V_3 和 V_4 的门极触发信号 u_{G3} 和 u_{G4} 互补,同时 V_3 的触发信号 u_{G3} 滞后 V_1 触发信号 u_{G1} θ 角度,即 V_4 的触发信号 u_{G4} 滞后 V_2 触发信号 u_{G2} θ 角度。

根据图 4 - 6 中所示工作波形,移相调压方式时的工作过程如下:

(1) t_1 时刻之前,u_{G1} 和 u_{G4} 为正,V_1 和 V_4 导通,负载电流正向增大,负载电压 $u_o = U_d$。

(2) t_1 时刻,u_{G4} 由正变负,u_{G3} 由负变正,V_4 关断,但由于负载电流无法换向,因而 V_3 无法导通,V_1 和 VD_3 续流,负载电流正向减小,负载电压 $u_o = 0$。

(3) 考虑电感 L 足够大时,在 $t = t_2$ 时刻,负载电流尚未正向衰减至零;此时 u_{G1} 由正变负,u_{G2} 由负变正,V_1 关断,同样由于负载电流无法换向,因此 V_2 无法导通,电路中 VD_2 和 VD_3 续流,负载电流进一步正向减小,负载电压 $u_o = -U_d$。

(4) 当负载电流正向减小至零时,VD_2 和 VD_3 自动关断,V_2 和 V_3 导通,负载电流反向增加,负载电压 $u_o = -U_d$。

(5) 在 $t = t_3$ 时刻,u_{G3} 由正变负,u_{G4} 由负变正,V_3 关断,由于负载电流无法换向,因此 V_4 无法导通,电路中 V_2 和 VD_4 续流,负载电流反向减小,负载电压 $u_o = 0$。

(6) 当下一时刻,u_{G2} 由正变负,u_{G1} 由负变正时,V_2 关断,V_1 暂无法导通,由于 VD_1 和 VD_4 续流,负载电流进一步反向减小,负载电压 $u_o = U_d$;当负载电流反向减小至零时,又切换到 V_1 和 V_4 导通,开始新的循环。

由图 4 - 6 可知,此时输出电压 u_o 变成了正负半周为 θ 角度宽的脉冲,即改变 θ 角度就可以改变输出电压的大小。

移相电压方式虽然可以同时调节输出电压的幅值和频率,但其控制相对复杂,一般应用于容量较小的工业场合,而更多的是采用 SPWM 调制方式进行输出电压的调压调频控制。

4.1.3 单相桥式 SPWM 逆变电路

脉宽调制(pulse width modulation, PWM)技术是通过控制半导体开关器件的开通与关断时间,即通过调节脉冲宽度进行调制,来等效获得期望波形(包括形状和幅值)的一种技术。电力电子技术和现代控制理论的发展,促进了 PWM 调制技术的应用。采用 PWM 控制的逆变电路可获得接近正弦波的交流输出电压和电流,大幅降低了谐波,提高了功率因数。因此,PWM 控制技术目前已广泛地应用在各类电力电子装置中,本小节将主要讨论正弦波脉宽调制(sinusoidal pulse width modulation, SPWM)技术在单相全桥电压源型逆变电路中的应用。

1）工作原理

图 4-7 所示为单相全桥 SPWM 逆变电路的拓扑结构，负载为阻感负载，SPWM 调制方式可以有单极性和双极性两种。

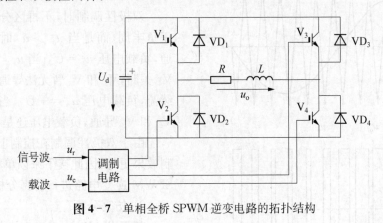

图 4-7 单相全桥 SPWM 逆变电路的拓扑结构

单极性 SPWM 控制方式的原理波形如图 4-7 所示（其中 u_{of} 为 u_o 的基本分量），对应的工作过程如下：

（1）在调制波 u_r 的正半周，V_1 管保持导通，V_2 管保持关断，通过调制波和载波的交点控制 V_4 的通断。当 $u_r > u_c$ 时，V_4 导通，负载电压 $u_o = U_d$；当 $u_r < u_c$ 时，V_4 关断，负载电压 $u_o = 0$，V_1 和 VD_3 续流。

（2）在调制波 u_r 的负半周，V_2 管保持导通，V_1 管保持关断，通过调制波和载波的交点控制 V_3 的通断。当 $u_r < u_c$ 时，V_3 导通，负载电压 $u_o = -U_d$；当 $u_r > u_c$ 时，V_3 关断，负载电压 $u_o = 0$，V_2 和 VD_4 续流。

由图 4-8 可知，此时 PWM 的波形只能在单个极性内变化，故为单极性调制。

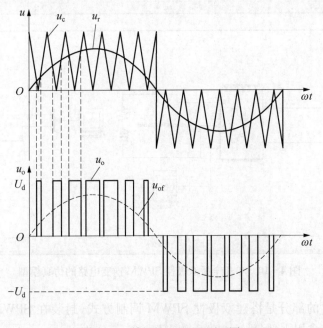

图 4-8 单极性 SPWM 原理图

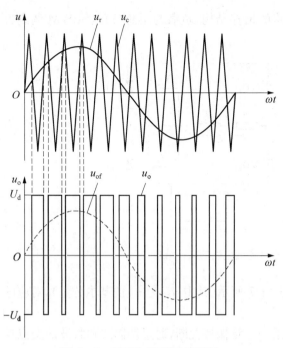

图 4-9 双极性 SPWM 原理图

双极性调制与单极性的区别在于,载波信号 u_c 为正负变化的等腰三角形,如图 4-9 所示。

双极性调制时,不再区分调制波 u_r 的正负半周,而是当 $u_r > u_c$ 时,V_1 和 V_4 导通,负载电压 $u_o = U_d$;当 $u_r < u_c$ 时,V_1 和 V_4 关断,V_2 和 V_3 暂无法导通,VD_2 和 VD_3 续流,负载电压 $u_o = -U_d$,当续流完成后,V_2 和 V_3 导通,负载电压还是 $u_o = -U_d$。

由于双极性调制在控制上更为简单、控制效果更好,因此接下来以单相全桥双极性 SPWM 逆变电路进行仿真分析。

2)仿真分析

基于 SimPowerSystems 搭建的仿真模型如图 4-10 所示。直流侧输入电压 $U_d = 300\,\text{V}$,单相全桥逆变电路采用通用桥模块(设置桥臂数目为 2,电力电子器件选用带二极管的 IGBT 模块即 IGBT/Diodes),交流侧负载电阻 $R = 1\,\Omega$,电感 $L = 1\,\text{mH}$,仿真时间为 $0.1\,\text{s}$。

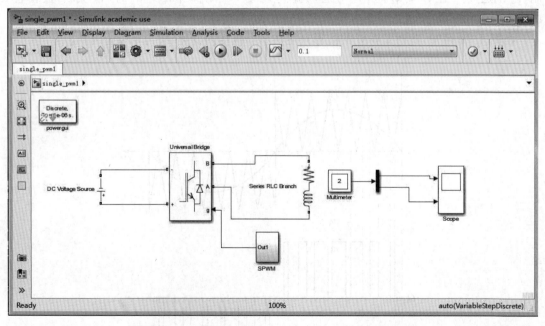

图 4-10 单相全桥双极性 SPWM 逆变电路的仿真模型

仿真中最重要的部分是搭建双极性 SPWM 调制方式(封装在 SPWM 子系统中),如图 4-11 所示,具体包含以下部分:

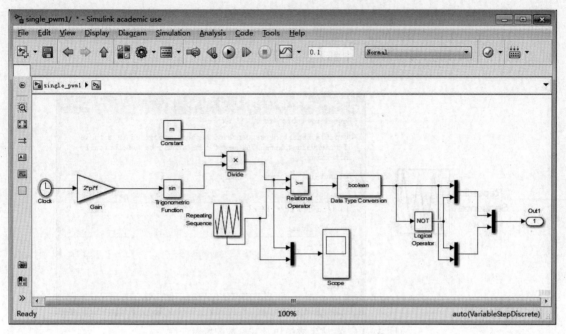

图 4 - 11　双极性 SPWM 仿真模型

（1）调制波 u_r 的生成。采用一个时钟模块提供时间 t，经过 $2\times\mathrm{pi}\times f$ 增益和 sin 模块后生成，$u_r = m \times \sin(2 \times \mathrm{pi} \times f \times t)$。其中，$f$ 为载波频率，m 为调制度（$0 < m \leqslant 1$）。可通过 Model Properties 中的初始化 InitFcn 中设置（图 4 - 12），仿真中设置 $f = 50\,\mathrm{Hz}$，$m = 0.8$。

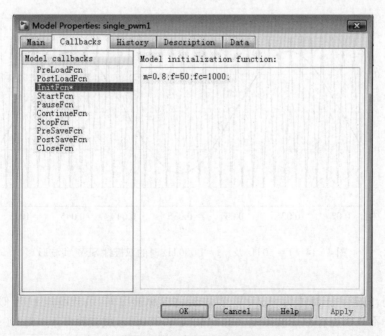

图 4 - 12　参数初始化设置

（2）载波 u_c 的生成。采用连续序列模块（Repeating Sequence）生成，具体设置如图 4 - 13 所示。因采用双极性调节，u_c 为正负变化的等腰三角波，同时 u_c 的周期对应的是器件通断频率即开关频率。仿真中设置的 u_c 为周期 f_c、幅值为 ±1 的等腰三角形（需要注意的是，u_c 和 u_r 的幅值要相互对应，例如本仿真中都采用了标幺处理）。

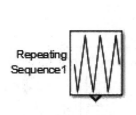
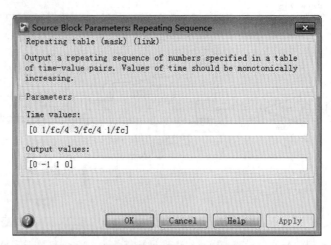

图 4 - 13　载波生成模块及其参数配置对话框

（3）比较及脉冲生成环节。采用逻辑运算环节比较调制波 u_r 和 u_c 的大小，并将比较结果转换成布尔型，再通过取反运算得到 V_1～V_4 四路脉冲信号。

当调制波 $f=50\,\text{Hz}$、载波频率 $f_c=1\,000\,\text{Hz}$ 时，对应的双极性 SPWM 波形如图 4 - 14 所示，负载电压电流波形则如图 4 - 15 所示。

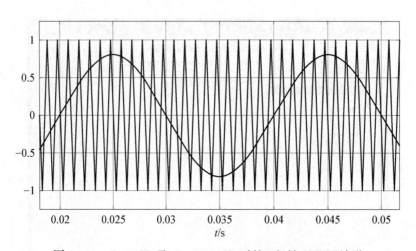

图 4 - 14　$f=50\,\text{Hz}$ 及 $f_c=1\,000\,\text{Hz}$ 时的双极性 SPWM 波形

可以看到，负载电压幅值为 ±300 V、宽度变化的脉冲序列，负载电流 i_o 近似为正弦波，但由于载波频率不高因而存在谐波畸变。当调制波 $f=50\,\text{Hz}$，载波频率 $f_c=5\,000\,\text{Hz}$ 时，对应的负载电压电流波形则如图 4 - 16 所示，此时的负载电流 i_o 非常接近正弦波。

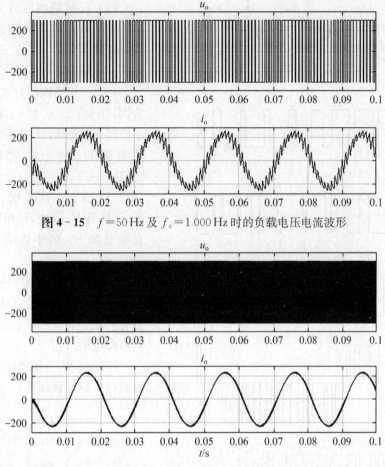

图 4 - 15　$f = 50\,\text{Hz}$ 及 $f_c = 1\,000\,\text{Hz}$ 时的负载电压电流波形

图 4 - 16　$f = 50\,\text{Hz}$ 及 $f_c = 5\,000\,\text{Hz}$ 时的负载电压电流波形

4.2　三相逆变电路

4.2.1　三相桥式 SPWM 逆变电路

1）工作原理

三相桥式 SPWM 逆变电路的拓扑结构如图 4 - 17 所示,受结构限制其只能采用双极性 SPWM 调制。具体工作原理如下:

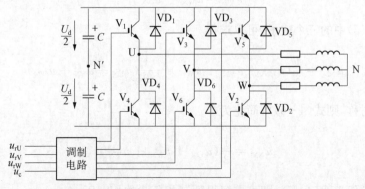

图 4 - 17　三相全桥 SPWM 逆变电路的拓扑结构

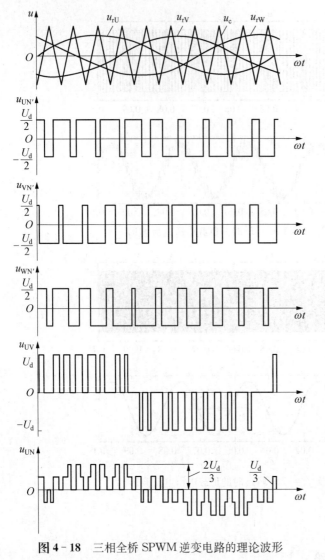

图 4-18 三相全桥 SPWM 逆变电路的理论波形

（1）三相调制信号为 u_{rU}、u_{rV} 和 u_{rW} 分别为相位依次相差 120°的正弦波，载波信号 u_c 为三相共用，如图 4-18 所示。

（2）三相的控制方式类似，以 U 相为例，在 $u_{rU} > u_c$ 时，上桥臂 V_1 导通、下桥臂 V_4 关断，U 相输出电压相对直流电源 U_d 的中性点 N′ 为 $u_{UN'} = U_d/2$。

（3）在 $u_{rU} < u_c$ 时，上桥臂 V_1 关断、下桥臂 V_1 开通，U 相输出电压相对直流电源 U_d 的中性点 N′ 为 $u_{UN'} = -U_d/2$。

（4）V_1 和 V_4 始终互补，上述 V_1 或 V_4 导通有可能是对应 IGBT 导通，也有可能是对应二极管导通，但是不影响输出电压。

U、V、W 三相之间的线电压可以由式（4-4）计算如下：

$$\left. \begin{array}{l} u_{VW} = u_{VN'} - u_{WN'} \\ u_{WV} = u_{WN'} - u_{VN'} \\ u_{UV} = u_{UN'} - u_{VN'} \end{array} \right\} \quad (4-4)$$

假设负载中性点与直流电源中性点 N′ 电压为 $u_{NN'}$，则三相负载的相电压为

$$\left. \begin{array}{l} u_{UN} = u_{UN'} - u_{NN'} \\ u_{VN} = u_{VN'} - u_{NN'} \\ u_{WN} = u_{WN'} - u_{NN'} \end{array} \right\} \quad (4-5)$$

联立式（4-5）中的三个式子，可以求得

$$u_{NN'} = \frac{1}{3}(u_{UN'} + u_{VN'} + u_{WN'}) - \frac{1}{3}(u_{UN} + u_{VN} + u_{WN}) \quad (4-6)$$

假设负载对称，则式（4-6）可简化为

$$u_{NN'} = \frac{1}{3}(u_{UN'} + u_{VN'} + u_{WN'}) \quad (4-7)$$

将式（4-7）代入式（4-5），即可求解得到三相负载的相电压。

2) 仿真分析

　　下面进行三相全桥 SPWM 逆变电路的仿真搭建。基于 SimPowerSystems 搭建的仿真模型如图 4‑19 所示。直流侧输入电压 $U_d = 300\,\mathrm{V}$，三相全桥逆变电路采用通用桥模块(设置桥臂数目为 3，电力电子器件选用带二极管的 IGBT 模块，即 IGBT/Diodes)，三相对称交流负载电阻 $R = 1\,\Omega$，电感 $L = 1\,\mathrm{mH}$，仿真时间为 $0.1\,\mathrm{s}$。

　　仿真中的三相 SPWM 采用 PWM Generator 模块生成，如图 4‑20 所示。具体参数配置

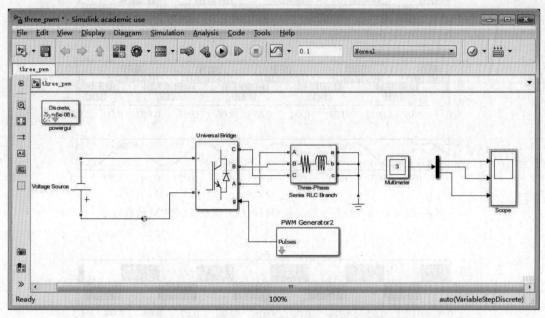

图 4‑19　三相全桥 SPWM 逆变电路的仿真模型

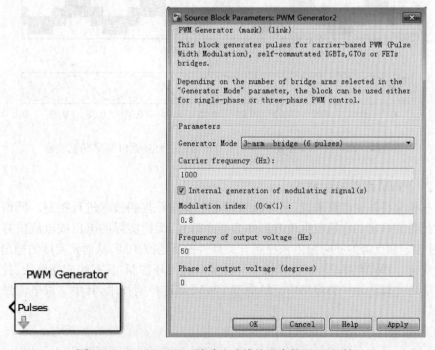

图 4‑20　三相 SPWM 脉冲生成模块及参数配置对话框

为:选择三桥臂六脉冲模式[3-arm bridge(6 pulses)],载波频率设置为 1 000 Hz,勾选内部生成调制信号模式,调制度为 0.8,调制波频率为 50 Hz。

当载波频率为 1 000 Hz 时,输出的线电压 u_{ab}、相电压 u_a 及相电流 i_a 如图 4-21 所示;当载波频率为 5 000 Hz 时,对应的线电压、相电压及相电流波形则如图 4-22 所示。

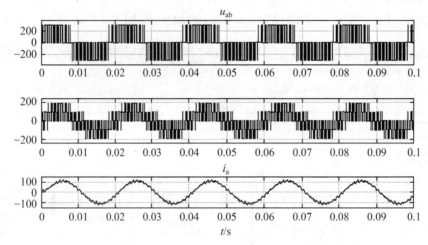

图 4-21 $f=50$ Hz 及 $f_c=1\,000$ Hz 时的三相全桥 SPWM 仿真波形

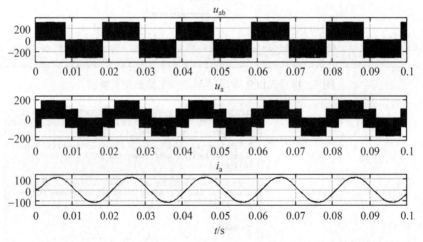

图 4-22 $f=50$ Hz 及 $f_c=5\,000$ Hz 时的三相全桥 SPWM 仿真波形

4.2.2 PWM 跟踪控制技术

对于三相全桥逆变电路来说,还可以采用 PWM 跟踪控制技术进行控制。所谓跟踪控制技术是指把希望输出的电压或电流波形作为指令信号,而把实际的电压或电流信号作为反馈信号,通过给定和反馈的实时偏差来控制开关器件的开通或关断,从而使实际的输出能跟踪指令信号的变化。PWM 跟踪控制技术属于一种实时的闭环控制,具有响应速度快、控制精度高等优点。滞环比较法是一种应用广泛的典型 PWM 跟踪控制技术,其中又以电流滞环比较法最为常见。

1) 工作原理

图 4-23 所示为采用滞环电流 PWM 跟踪控制逆变电路的原理图及理论波形。

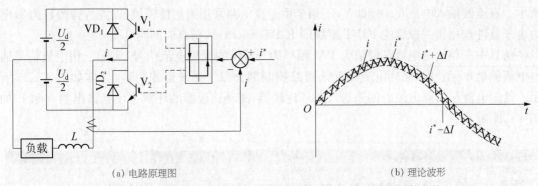

(a) 电路原理图　　　　　　　　　　　　　　(b) 理论波形

图 4 - 23　滞环电流 PWM 跟踪控制逆变电路的原理图及理论波形

具体来说,通过电流传感器检测实际电流信号 i,与正弦指令信号 i^* 进行比较,两者偏差作为滞环比较器的输入,滞环比较器的输出控制 V_1 或 V_2 的通断。当 V_1 或 VD_1 导通时,实际负载电流 i 增大;当 V_2 或 VD_2 导通时,实际负载电流 i 减小。这样通过环宽为 $2\Delta I$ 的滞环比较器的控制,负载电流被限制在 $i^* + \Delta I$ 和 $i^* - \Delta I$ 的范围内,如图 4 - 23b 所示。

在实际的滞环电流 PWM 跟踪控制逆变电路中,滞环比较的环宽选择十分重要。当环宽过宽时,跟踪误差增大,器件开关频率降低;当环宽过窄时,跟踪精度提高,但器件开关频率增大、损耗增加,因此需要合理设计滞环比较器的环宽。另一方面,负载电感的存在也会影响系统跟踪性能,当电感大时,电流变化率小、跟踪速度慢;当电感小时,电流变化率加大,跟踪速度变快。

图 4 - 23 所示是单相滞环电流 PWM 跟踪控制逆变电路,对于三相电路来说,可以分别对三相设置三个电流滞环比较器进行滞环电流跟踪 PWM 控制。

2) 仿真分析

下面进行三相滞环电流 PWM 跟踪控制逆变电路的仿真分析,所搭建的仿真模型如图 4 - 24

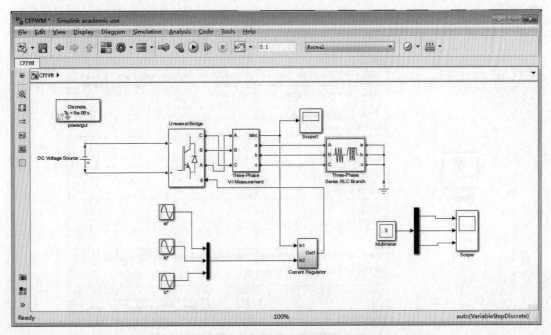

图 4 - 24　三相滞环电流 PWM 跟踪控制逆变电路的仿真模型

所示。直流侧输入电压 $U_d = 300\,\mathrm{V}$，三相全桥逆变电路采用通用桥模块（设置桥臂数目为 3，电力电子器件选用带二极管的 IGBT 模块即 IGBT/Diodes），仿真时间为 $0.1\,\mathrm{s}$。

　　仿真中三相给定电流是幅值为 $1\,\mathrm{A}$、频率为 $50\,\mathrm{Hz}$ 的理想电流信号，实际三相电流信号通过电流测量单元获取，滞环电流 PWM 跟踪控制部分以子系统形式封装，具体如图 4‑25 所示。给定电流与实际电流的偏差送入滞环比较器，滞环比较器的环宽可设且输出为 0 和 1，如图 4‑26 所示。

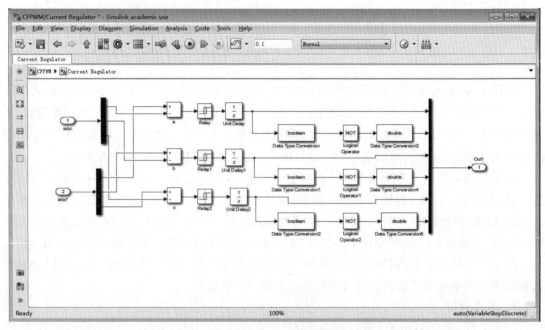

图 4‑25 三相滞环电流 PWM 跟踪控制部分模型

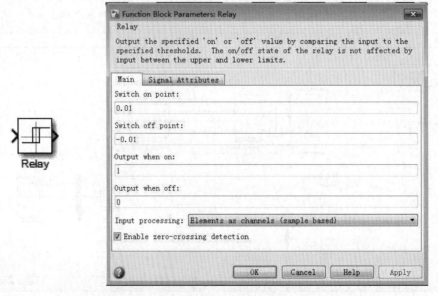

图 4‑26 滞环比较器模块及其参数配置对话框

当滞环宽度 ΔI 设置为 0.01、负载电感为 100 mH 时，示波器观测到的三相实际电流如图 4 - 27a 所示，对应的输出线电压、相电压和 a 相电流波形如图 4 - 27b 所示。

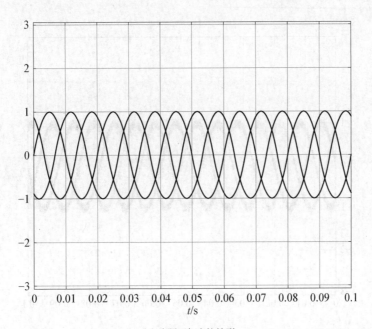

(a) 实际三相电流波形

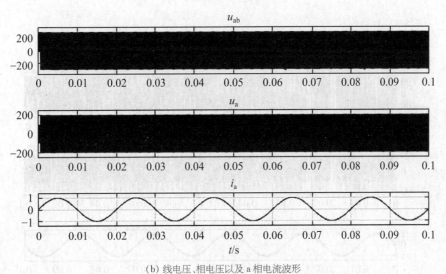

(b) 线电压、相电压以及 a 相电流波形

图 4 - 27 ΔI 为 0.01、负载电感为 100 mH 时的仿真波形

可以看到，此时由于滞环比较器环宽小，实际电流的跟踪效果较好，但器件开关频率非常高，对应开关损耗将会增大。当滞环宽度 ΔI 设置为 0.1、负载电感 L 为 100 mH 时，对应的实际电压电流波形则如图 4 - 28a、b 所示。

可以看到，随着滞环比较器环宽的加大，实际电流的跟踪效果变差，但器件开关频率随之降低。此外，负载电感的不同也会影响实际电流的跟踪效果，图 4 - 29a、b 分别对应负载电感为 10 mH、环宽 ΔI 为 0.01 和 0.1 时的仿真波形。

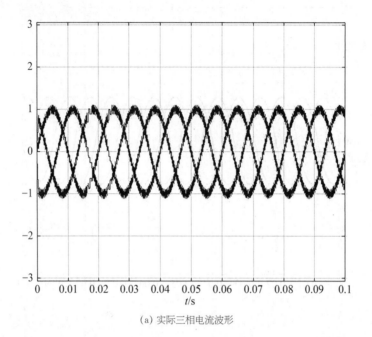

（a）实际三相电流波形

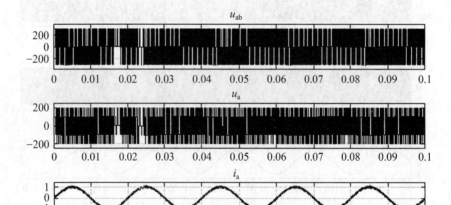

（b）线电压、相电压以及 a 相电流波形

图 4-28　ΔI 为 0.1、负载电感为 100 mH 时的仿真波形

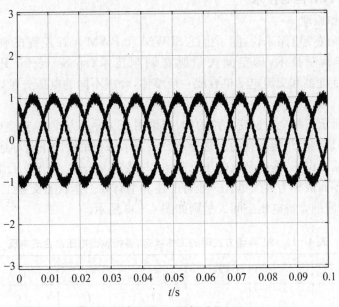

(a) 电感为 10mH、环宽 ΔI 为 0.01

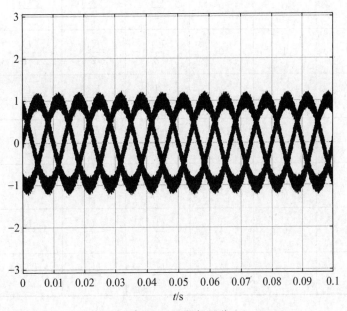

(b) 电感为 10mH、环宽 ΔI 为 0.1

图 4 - 29 ΔI 为 0.01 或 0.1、负载电感为 10mH 时的仿真波形

对比图 4-27、图 4-28 和图 4-29 可知,在滞环电流 PWM 跟踪控制的三相全桥逆变电路中,滞环宽度和负载电感是影响电流跟踪性能和器件开关频率的两个重要因数,在实际应用中应该权衡设计。

4.2.3 SVPWM 控制技术

4.2.3.1 工作原理

对于三相全桥逆变电路来说,除了上述 SPWM 和 PWM 跟踪控制技术外,还有一种应用十分广泛的载波调制技术,即空间矢量脉宽调制技术(space vector PWM,SVPWM)。SVPWM 控制将逆变器和交流电动机看成一个整体,合成不同的电压矢量以期得到圆形磁链轨迹。

以图 4-18 所示三相全桥逆变电路为例,当采用 180°导通方式时,逆变电路共有 8 种工作状态。假设状态"1"表示每相桥臂的上管导通,"0"表示每相桥臂的下管导通,8 种状态对应的工作状态及各相输出电压、输出合成电压见表 4-1,表中 $u_1 \sim u_6$ 为有效工作状态、u_0 和 u_7 因输出合成电压为零而被称为零矢量。一般将上述 6 个有效工作状态交替工作 60°的控制方式称为六拍控制,对应的合成电压空间矢量则如图 4-30 所示。

表 4-1　180°导通方式时的工作状态、各相输出电压及合成电压

	S_U	S_V	S_W	u_U	u_V	u_W	u_s
u_0	0	0	0	$-\dfrac{U_d}{2}$	$-\dfrac{U_d}{2}$	$-\dfrac{U_d}{2}$	0
u_1	1	0	0	$\dfrac{U_d}{2}$	$-\dfrac{U_d}{2}$	$-\dfrac{U_d}{2}$	$\sqrt{\dfrac{2}{3}}U_d$
u_2	1	1	0	$\dfrac{U_d}{2}$	$\dfrac{U_d}{2}$	$-\dfrac{U_d}{2}$	$\sqrt{\dfrac{2}{3}}U_d e^{j\frac{\pi}{3}}$
u_3	0	1	0	$-\dfrac{U_d}{2}$	$\dfrac{U_d}{2}$	$-\dfrac{U_d}{2}$	$\sqrt{\dfrac{2}{3}}U_d e^{j\frac{2\pi}{3}}$
u_4	0	1	1	$-\dfrac{U_d}{2}$	$\dfrac{U_d}{2}$	$\dfrac{U_d}{2}$	$\sqrt{\dfrac{2}{3}}U_d e^{j\pi}$
u_5	0	0	1	$-\dfrac{U_d}{2}$	$-\dfrac{U_d}{2}$	$\dfrac{U_d}{2}$	$\sqrt{\dfrac{2}{3}}U_d e^{j\frac{4\pi}{3}}$
u_6	1	0	1	$\dfrac{U_d}{2}$	$-\dfrac{U_d}{2}$	$-\dfrac{U_d}{2}$	$\sqrt{\dfrac{2}{3}}U_d e^{j\frac{5\pi}{3}}$
u_7	1	1	1	$\dfrac{U_d}{2}$	$\dfrac{U_d}{2}$	$\dfrac{U_d}{2}$	0

由上述分析可知,当六拍控制时,输出合成电压矢量为一正六边形,对于交流电动机来说,若忽略电动机定子电阻压降,则定子合成电压矢量与磁链空间矢量之间存在如下近似关系:

$$\psi_s \approx \int u_s \mathrm{d}t \tag{4-8}$$

即当逆变器采用六拍控制时,输出合成电压矢量为正六边形,磁链轨迹也近似是正六边形,无法达到圆形磁链轨迹要求。

要想获得接近圆形的磁链轨迹,可将图 4 - 30 所示正六边形进行 N 等分,以 6 个有效矢量作为基本矢量,按照平行四边形合成法则进行期望输出矢量合成,从而形成正多边形,甚至接近圆形磁链轨迹。在实际应用中,6 个有效工作矢量将电压矢量空间分为对称的六个扇区,当期望输出电压矢量位于某一扇区时,可选择与期望电压矢量相邻的 2 个有效工作矢量进行合成,2 个零矢量的插入可有效减少开关切换次数。

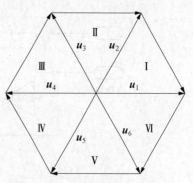

图 4 - 30　六拍控制时的输出合成电压矢量图

4.2.3.2　SVPWM 实现

1) 实现步骤

SVPWM 的实现可分为以下三个步骤:

(1) 判断期望电压矢量所在扇区,选择基本矢量;

(2) 确定每个基本矢量作用的时间;

(3) 确定每个基本矢量的作用顺序,即 SVPWM 实现。

2) 实现过程

为了判断期望电压矢量所在的扇区,对图 4 - 30 的电压矢量图进行改进,有效工作矢量的标号参考二进制值进行重新编号,如图 4 - 31 所示。

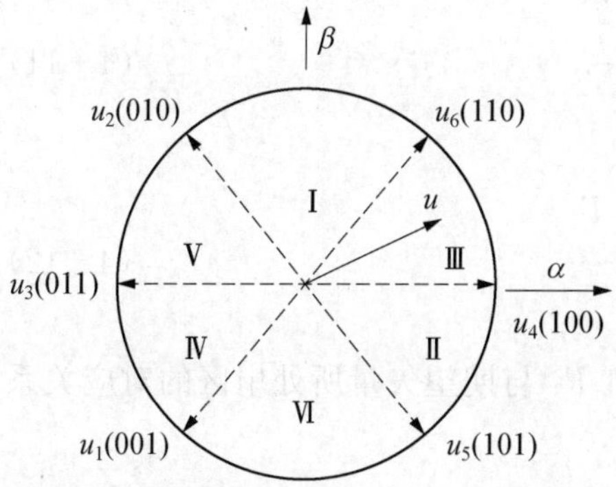

(1) 扇区的判断。将期望电压矢量 u 分解至两相静止坐标系下,通过判断 u_α 和 u_β 进行扇区判断,具体判断依据如下:

$$\begin{cases} u_\alpha > 0, & A=1 \quad 或 \quad A=0 \\ \sqrt{3}\,u_\alpha - u_\beta > 0, & B=1 \quad 或 \quad B=0 \\ -\sqrt{3}\,u_\alpha - u_\beta > 0, & C=1 \quad 或 \quad C=0 \end{cases}$$

$$(4-9)$$

图 4 - 31　两电平 SVPWM 的空间矢量图

扇区 $N = A + 2B + 4C$,N 的取值与具体扇区分布见表 4 - 2,图 4 - 32 为对应的以模块方式实现的扇区判断模型。

表 4 - 2　两电平 SVPWM 扇区判断规律

N	3	1	5	4	6	2
所属扇区	I	II	III	IV	V	VI

(2) 基本矢量作用时间。判断好期望电压矢量所处扇区后,需要选定基本矢量,并确定基本矢量作用时间。由数学知识推导可知,无论期望电压矢量在哪一个扇区,基本矢量作用时间都有共性部分。定义时间变量 X、Y、Z 分别为(其中 T 为器件开关周期)

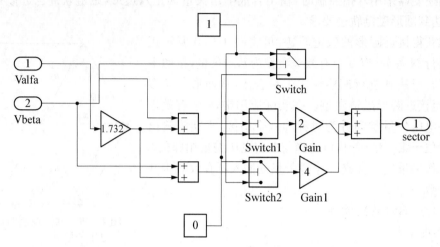

图 4-32 扇区判断仿真模型

$$X = \frac{\sqrt{3}\,u_\beta T}{U_d} \qquad\qquad (4-10)$$

$$Y = \frac{\left(\dfrac{\sqrt{3}}{2}u_\beta + \dfrac{3}{2}u_\alpha\right)T}{U_d} \qquad\qquad (4-11)$$

$$Z = \frac{\left(\dfrac{\sqrt{3}}{2}u_\beta - \dfrac{3}{2}u_\alpha\right)T}{U_d} \qquad\qquad (4-12)$$

则合成期望电压矢量的两个基本矢量的作用时间 T_1 和 T_2 与期望矢量所处扇区的对应关系见表 4-3。

表 4-3 基本矢量作用时间与扇区的对应关系

扇区	I	II	III	IV	V	VI
T_1	Y	$-X$	$-Z$	Z	X	$-Y$
T_2	Z	Y	X	$-X$	$-Y$	$-Z$

当 $T_1 + T_2 > T$ 时,意味着出现了过调制情况,需要进行额外处理,最简单的方法是对 T_1 和 T_2 按式(4-13)进行重新分配:

$$\left.\begin{aligned} T_1^* &= \frac{T_1}{T_1 + T_2} \times T \\ T_2^* &= \frac{T_2}{T_1 + T_2} \times T \end{aligned}\right\} \qquad\qquad (4-13)$$

采用模块搭建方式的基本矢量作用时间仿真如图 4 - 33 所示。

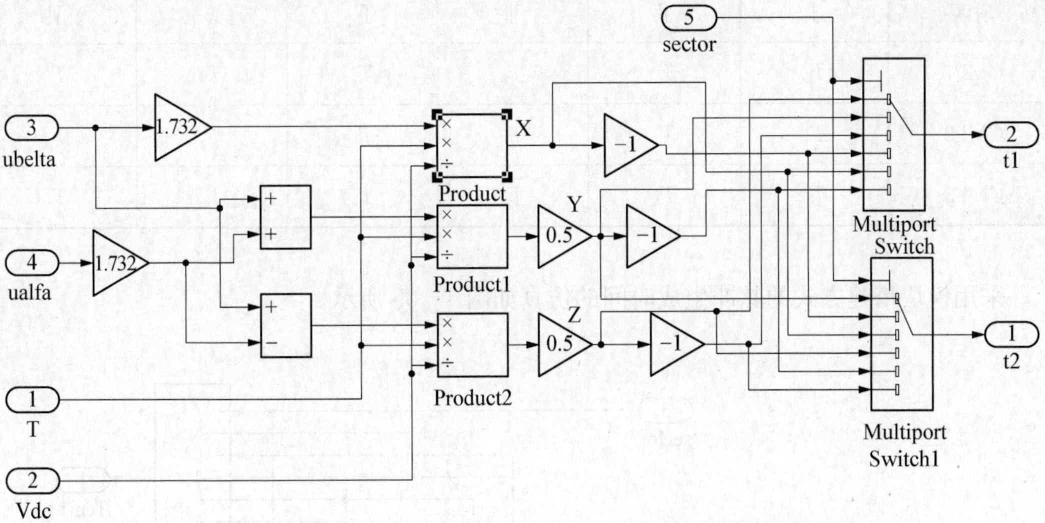

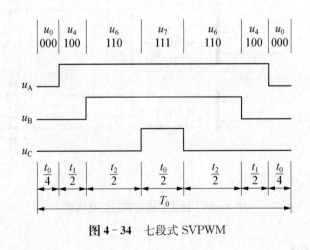

图 4 - 33　基本矢量作用时间仿真模型

（3）SVPWM 实现（七段式）。为使每次开关切换次数尽量少，在 SVPWM 实现过程中可插入零矢量进行调节。七段式采用的是零矢量分散的实现方式，假设 2 个零矢量的工作时间分别为 T_0 和 T_7，在七段式 SVPWM 中，令 $T_0 = T_7 = (T - T_1 - T_2)/2$，七段式 SVPWM 实现如图 4 - 34 所示。

| u_0 | u_4 | u_6 | u_7 | u_6 | u_4 | u_0 |
| 000 | 100 | 110 | 111 | 110 | 100 | 000 |

u_A

u_B

u_C

$\dfrac{t_0}{4}$　$\dfrac{t_1}{2}$　$\dfrac{t_2}{2}$　$\dfrac{t_0}{2}$　$\dfrac{t_2}{2}$　$\dfrac{t_1}{2}$　$\dfrac{t_0}{4}$

T_0

图 4 - 34　七段式 SVPWM

三相对应的脉冲生成时间可表述为

$$\left.\begin{array}{l} T_a = (T - T_1 - T_2)/4 \\ T_b = T_a + T_1/2 \\ T_c = T_b + T_2/2 \end{array}\right\} \tag{4-14}$$

不同扇区内，脉冲生成时间 CMP1、CMP2 和 CMP3 与扇区号的对应关系见表 4 - 4。

表 4-4 脉冲比较时间

扇区	I	II	III	IV	V	VI
CMP1	T_b	T_a	T_a	T_c	T_c	T_b
CMP2	T_a	T_c	T_b	T_b	T_a	T_c
CMP3	T_c	T_b	T_c	T_a	T_b	T_a

采用模块搭建方式的脉冲生成时间的仿真如图 4-35 所示。

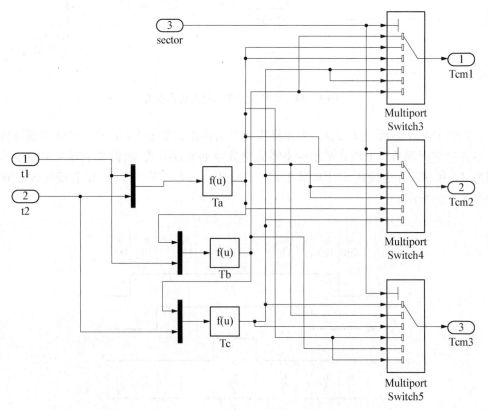

图 4-35 脉冲生成时间的仿真模型

4.2.3.3 仿真搭建

根据上述分析,采用模块搭建的三相全桥 SVPWM 逆变电路的仿真模型如图 4-36 所示。直流侧电压 600 V,器件开关频率 5 kHz,负载电阻为 10 Ω,电感为 15 mH,期望电压通过给定 $u_α$ 和 $u_β$ 方式给出,调制度为 0.8,系统采样时间 T_s 为 $1×10^{-6}$ s。

给定的 $u_α$ 和 $u_β$ 是幅值为 310 V、频率为 50 Hz 的正交正弦信号,如图 4-37 所示。

仿真得到三相脉冲生成时间 CMP1、CMP2、CMP3 为如图 4-38 所示的马鞍波信号,与三角载波(设置如图 4-39 所示)进行比较后,输出的三相上桥臂脉冲信号如图 4-40 所示,与理论分析一致。

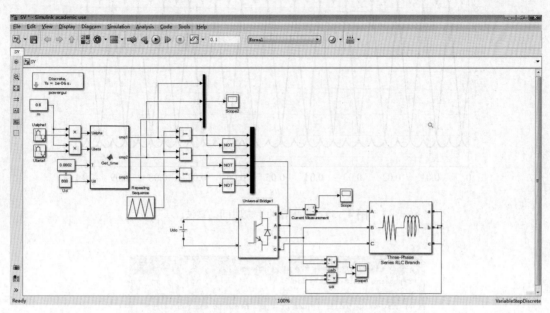

图 4 - 36　三相全桥 SVPWM 逆变电路的仿真模型

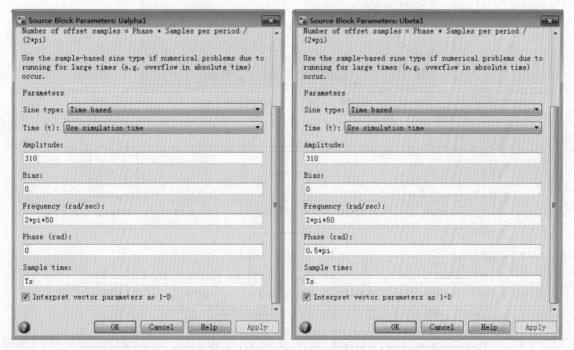

图 4 - 37　期望电压给定设置

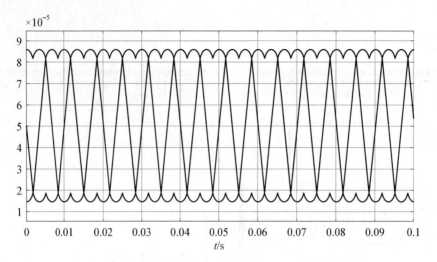

图 4 - 38 三相脉冲生成时间马鞍波

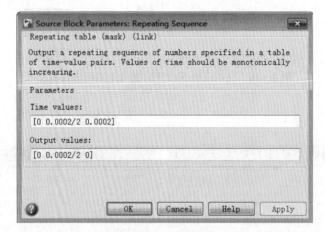

图 4 - 39 三角载波设置

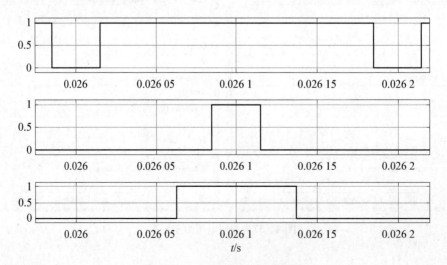

图 4 - 40 三相 PWM 脉冲波形

此时，交流侧 a 相电流波形、线电压 u_{ab}、相电压 u_a 则分别如图 4-41 和图 4-42 所示，可以看到，此时的交流侧电流基本为正弦信号，输出相电压为幅值 U_d 和 0 的两电平脉冲波（相当于直流侧零点电位），线电压则为幅值 U_d、$-U_d$ 和 0 的三电平脉冲波。

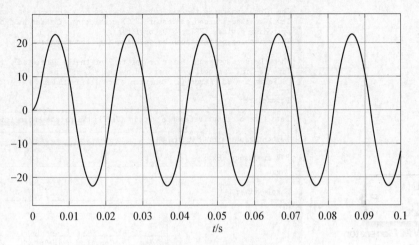

图 4-41　交流侧电流波形

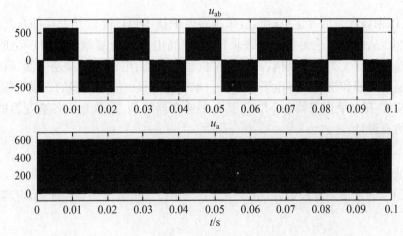

图 4-42　两电平 SVPWM 逆变器输出线电压、相电压波形

此外，还可以通过自建函数方式进行 SVPWM 程序编写调用，读者可自行尝试。SimPowerSystems 也给出了两电平 SVPWM 实现模块，如图 4-43 所示，可直接调用。

4.3　多电平逆变电路

随着高压、大电流功率电力电子器件的快速发展，传统的两电平逆变器输出的电压等级和容量不断提高，然而受器件耐压等级和功率的限制，不能满足高压、大功率的要求。另一方面两电平逆变器因为输出相电压只有两个电平状态，电压波形的谐波含量较高，电磁干扰较严重。

多电平逆变电路的出现弥补了两电平逆变器的不足，多电平逆变器具有开关器件电压应

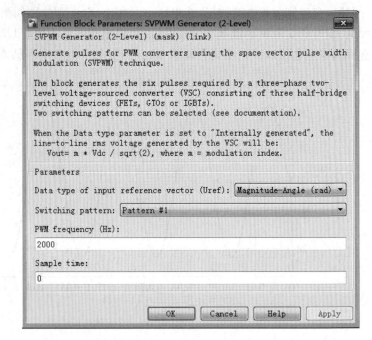

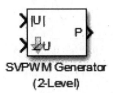

图4‑43 两电平 SVPWM 模块及参数设置对话框

力小、输出电压谐波含量低等优点；而且，采用多电平技术可以降低开关器件在开关过程中的
du/dt 和 di/dt，从而改善逆变器的电磁兼容性，在高电压逆变器领域有着广泛的应用前景。
多电平逆变器主要有 4 类拓扑结构：二极管钳位型逆变器、电容钳位型逆变器、具有独立直流
电源的级联型逆变器和模块化多电平逆变器。本节将以目前应用较多的二极管钳位型三电平
逆变器、H/NPC 五电平逆变器和 MMC 五电平逆变器为例，简单介绍各逆变器的拓扑结构、
工作原理和仿真设计。

4.3.1 二极管钳位型三电平逆变器

从拓扑结构上看，每个桥臂由四个功率开关管 $S_1 \sim S_4$ 和两个钳位二极管 D_5、D_6 组成（图
4‑44）。C_1、C_2 为直流侧滤波电容，电容中点 o 与钳位二极管的中点相连接，电容两端电压分
别为 V_{dc1}、V_{dc2}。

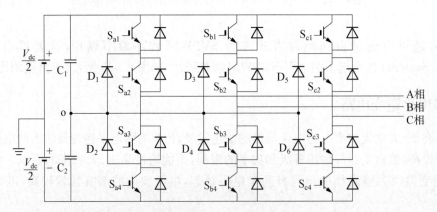

图4‑44 二极管钳位型三电平逆变电路的拓扑结构

定义三电平逆变器第 i 相的开关函数 $S_i(i=\mathrm{a},\ \mathrm{b},\ \mathrm{c})$ 为

$$S_i=\begin{cases}2, & S_{i1} \text{ 和 } S_{i2} \text{ 导通，且 } S_{i3} \text{ 和 } S_{i4} \text{ 关断}\\ 1, & S_{i2} \text{ 和 } S_{i3} \text{ 导通，且 } S_{i1} \text{ 和 } S_{i4} \text{ 关断}\\ 0, & S_{i3} \text{ 和 } S_{i4} \text{ 导通，且 } S_{i1} \text{ 和 } S_{i2} \text{ 关断}\end{cases} \qquad (4-15)$$

这样，三电平逆变器共有 $3^3=27$ 组输出开关状态，某一组开关状态就对应一条空间矢量，经过推导，27 个电压矢量可分为 3 个零矢量、12 个冗余短矢量、6 个中矢量和 6 个长矢量，矢量分布如图 4-45 所示。

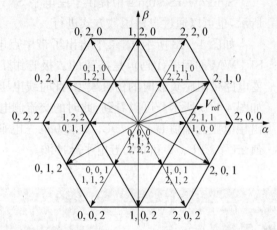

图 4-45　二极管钳位型三电平逆变器的空间矢量分布图

下面介绍传统三电平 SVPWM 的实现，它是由两电平 SVPWM 方法推广而来的。图 4-45 所示三电平空间矢量图可分为 6 个大扇区，每个大扇区又可分为 4 个三角形小区，则共有 24 个小三角形。由此可列出一系列不等式组，通过参考矢量的幅值和角度判断出所处的扇区和小区。具体的三电平 SVPWM 实现步骤如下所述：

（1）确定参考电压矢量 V_{ref}；

（2）判断参考电压矢量 V_{ref} 所处大扇区和小扇区；

（3）找出合成参考矢量的几个基本电压矢量并确定其作用顺序；

（4）计算基本电压矢量相对应的作用时间；

（5）将矢量映射为开关状态。

由于三电平电压矢量具有对称性，此处以参考电压矢量 V_{ref} 落在扇区 1 的三角形小区 Ⅲ 中进行分析，如图 4-46 所示。

此时，V_{ref} 可由矢量 V_{a0}、V_{a} 和 V_{b} 合成，故有

$$\left.\begin{array}{l}V_{\mathrm{ref}}\cdot T=(T_{\mathrm{a0}}\cdot V_{\mathrm{a0}}+T_{\mathrm{a}}\cdot V_{\mathrm{a}}+T_{\mathrm{b}}\cdot V_{\mathrm{b}})\\ T_{\mathrm{a0}}+T_{\mathrm{a}}+T_{\mathrm{b}}=T\end{array}\right\}$$

$$(4-16)$$

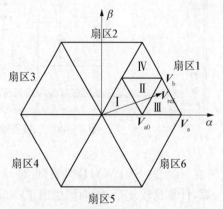

图 4-46　参考电压矢量 V_{ref} 落在扇区 1 的三角形小区 Ⅲ 中

式中，T_{a0}、T_{a}、T_{b} 分别为矢量 V_{a0}、V_{a} 和 V_{b} 的作用时

间；T 为开关周期，通过数学关系可求解得

$$\left.\begin{aligned} T_{a0} &= [2 - 2m\sin(\pi/3 + \theta)]T \\ T_a &= [2m\sin(\theta - \pi/3) - 1]T \\ T_b &= 2mT\sin\theta \end{aligned}\right\} \qquad (4-17)$$

参考矢量位于其他扇区时各矢量的作用时间也可用相同的方法推导，然后可以参考两电平 SVPWM 方法进行矢量顺序确定、开关状态映射等。

SimPowerSystems 中提供了三电平 SVPWM 模块，如图 4-47 所示，也可以通过自建函数方式进行。

图 4-47 Simulink 自带的三电平 SVPWM 模块

如图 4-48 所示（附录中给出了带中点电位平衡控制的三电平 SVPWM 的程序代码），是搭建的二极管钳位型三电平 SVPWM 逆变电路带阻感负载时的仿真模型，此时线电压 u_{ab}、相电压 u_a 则分别如图 4-49 所示。可以看到，此时的交流侧电流基本为正弦信号，输出相电压为幅值 $U_d/2$、$-U_d/2$ 和 0 的三电平脉冲波，线电压则为幅值 $\pm U_d$、$\pm U_d/2$ 和 0 的五电平脉冲波。

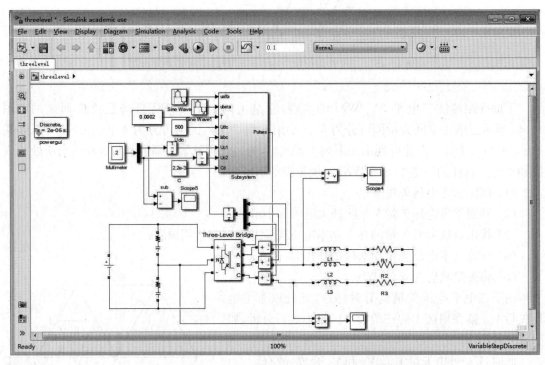

图 4-48 二极管钳位型三电平 SVPWM 逆变电路的仿真模型

传统的 SVPWM 需要针对 24 个小扇区进行矢量合成时间计算，涉及较多的三角函数运算，计算比较复杂，因而衍生出了一系列的改进三电平 SVPWM 算法。此外，对于二极管钳位型三电平逆变器来说，如何确保直流侧电容两端平衡也是一个重要研究内容，本文限于篇幅不做详细展开，有兴趣的读者可查阅相关资料。

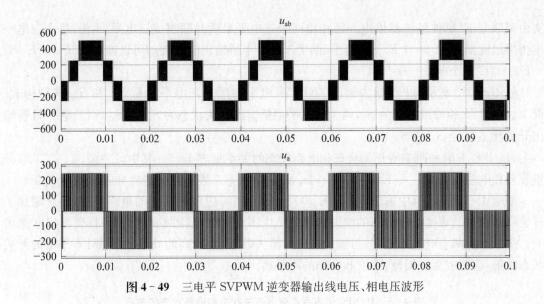

图 4‑49 三电平 SVPWM 逆变器输出线电压、相电压波形

4.3.2 H/NPC 五电平逆变器

多电平变换技术利用低耐压开关器件,提高输出电压等级和减小输出电压谐波。半桥型钳位式拓扑需要大量的钳位二极管或电容,需克服直流侧电容电压不平衡的难点,当电平数大于三时,控制将变得更加复杂。2H 桥级联式多电平逆变器虽具有控制方法简单、易扩展等优点,但需要的独立直流电源个数多。H/NPC 多电平可以克服钳位二极管或钳位电容多、直流侧电容电压控制困难和需要独立电源个数多的缺点,适用于中、高压大功率应用场合。对比二极管钳位型五电平逆变器,H/NPC 五电平逆变器需要相同的主开关器件,但减少了钳位二极管的个数,增加了独立电源的个数,使得中点电压易于控制和实现,有效解决了无二极管钳位型五电平逆变器中点电压不易控制的难题。同时,三电平 NPC 相关技术已经成熟,易于向 H/NPC 五电平逆变器扩展,易于模块化,易于级联向更高电平拓展。相比两电平 H 桥级联五电平逆变器,H/NPC 五电平逆变器减少了独立直流电源的个数,每相只需一个直流电源。

H/NPC 五电平拓扑如图 4‑50 所示,每相由独立电源供电,即直流母线电压 $V_{dc}=2E$,本

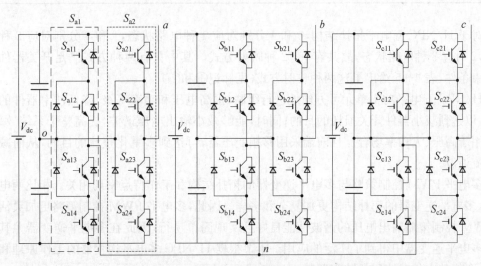

图 4‑50 H/NPC 五电平逆变器三相拓扑结构

文由串联型 12 脉波整流器供电。每相由两个三电平半桥并联组成三电平 H 桥,每个三电平半桥可以输出 $-E$、0、$+E$ 三个电平,两个三电平半桥输出电压叠加可以输出 $-2E$、$-E$、0、$+E$、$+2E$ 五个电平。

如图 4-50 所示,以 A 相为例,H/NPC 五电平由两个三电平半桥 S_{a1} 和 S_{a2} 并联构成。设 $V_{dc}=2E$,A 相输出状态为 S_a,两个三电平半桥输出开关状态为 S_{a1} 和 S_{a2},则三电平 H 桥输出开关状态 $S_a=S_{a2}-S_{a1}+2$。

H/NPC 五电平逆变器开关状态和电路状态的关系见表 4-5。其中 S_a 为 0、1、2、3、4 分别表示相电压为 $-2E$、$-E$、0、$+E$、$+2E$,电路状态 1 表示开关器件导通,0 表示关断。

如表 4-5 所示,其中输出电平 $-E$、0、$+E$ 分别对应多种不同的电路状态,因此增加了开关状态映射的难度。不恰当的映射结果会产生不合理的电压跳变,如同一桥臂输出状态由 0 变成 2,产生两个电平的跳变,可能会造成换流失败,产生较高的 dv/dt。同时不平衡的开关状态映射,会造成器件损耗、温度和功率的不平衡。

表 4-5　H/NPC 五电平逆变器开关状态和电路状态的关系

S_a		S_{a1}	S_{a2}	S_{a11}	S_{a12}	S_{a13}	S_{a14}	S_{a21}	S_{a22}	S_{a23}	S_{a24}
0		2	0	1	1	0	0	0	0	1	1
1	①	1	0	0	1	1	0	0	0	1	1
	②	2	1	1	1	0	0	0	1	1	0
2	①②	0	0	0	0	1	1	0	0	1	1
		1	1	0	1	1	0	0	1	1	0
		2	2	1	1	0	0	1	1	0	0
3	①	0	1	0	0	1	1	0	1	0	0
	②	1	2	1	0	0	1	0	1	0	0
4		2	2	0	0	1	1	1	1	0	0

对于 H/NPC 五电平拓扑结构,0 和 4 分别对应 1 种电路状态,1 和 3 分别对应 2 种电路状态,2 对应 3 种电路状态,故共有 12 种映射方式。其中只有两种方式满足开关器件的一般约束条件,表 4-5 给出了这两种映射方式(见标记①和②)。

H/NPC 五电平功率单元可方便地进行级联,提高电压和功率等级,降低功率器件的开关频率,以达到减小器件开关损耗的目的;同时,能够减小输出电压谐波,提高整个系统效率,因而适用于高压、大功率场合。且前端采用移相变压器,可达到多重化整流的目的,从而减小网侧电流谐波。

多电平 PWM 控制策略与多电平逆变器的拓扑结构和工作特点密切相关。相比两电平逆变器,多电平逆变器的拓扑结构更加复杂和多样。因此,多电平 PWM 控制策略更加灵活。载波 PWM 控制策略输出电压的谐波性能良好且实现简单易行,因此在多电平逆变器尤其是级联型多电平逆变器中得到了广泛的应用。本节根据 H/NPC 多电平逆变器的工作原理和结构特点,介绍基本的载波层叠脉宽调制。

三角载波层叠 PWM 调制策略,对于 N 电平逆变器来说,每相采用一个幅值为 A_m 和频率为 f_m 的正弦调制波 u_s 与 $N-1$ 个幅值 A_c 和频率 f_c 相同的三角载波进行比较,产生 PWM 脉冲波。载波层叠调制策略根据三角载波相位的不同分为载波同相层叠法和载波反相层叠法。载波同相层叠法所有三角载波相位相同,载波反相层叠法以零基准线为对称轴,基准线以上和以下的三角载波具有相反的相位。如图 4-51 所示为五电平载波层叠法:图 4-51a 为载波同相层叠法,图 4-51b 为载波反相层叠法。

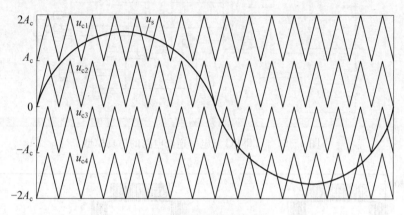

(a) 五电平载波同相层叠法

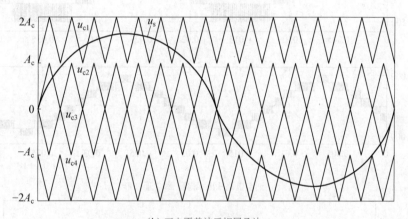

(b) 五电平载波反相层叠法

图 4-51　五电平载波层叠法

　　基于 SimPowerSystems 搭建的 H/NPC 五电平逆变电路带阻感负载时的仿真模型如图 4-52 所示。

　　采用载波同相层叠法中,调制波 $u_s = A_m \sin \omega_m t$,三角载波 u_{c1}、u_{c2} 分别对应右桥臂的开关管 S_{a21}、S_{a22},三角载波 u_{c3}、u_{c4} 分别对应左桥臂的开关管 S_{a14}、S_{a13}。直流电源 $V_{dc} = 500\,\text{V}$,负载为阻感负载,功率因数为 $\cos\varphi = 0.95$,调制波频率 $f_m = 50\,\text{Hz}$。进行不同载波频率下的线电压、电流波形及其频谱分析。图 4-53 为 $M = 0.9$ 时,$f_c = 5\,\text{kHz}$ 的仿真结果。由图 4-53 可知,H/NPC 五电平逆变电路输出的相电压是五个电平,线电压则为九个电平,已经完全接近正弦波了;此时的交流侧输出电流正弦度也非常好,与理论分析一致。

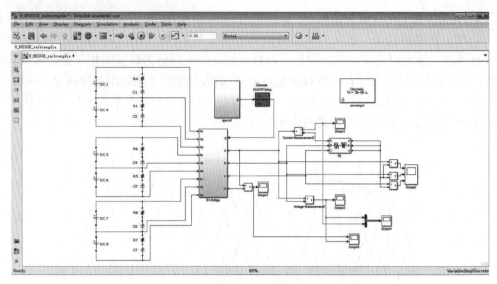

图 4 - 52 H/NPC 五电平逆变电路的仿真模型

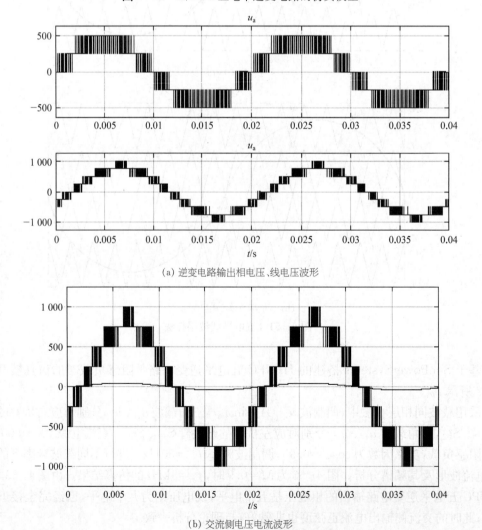

(a) 逆变电路输出相电压、线电压波形

(b) 交流侧电压电流波形

图 4 - 53 载波层叠调制 $f_c = 5\,\mathrm{kHz}$ 的仿真结果

由图 4-53 仿真结果可知,基于五电平 H/NPC 逆变器的载波同相层叠法,可以实现五电平的输出,但是存在桥臂间和桥臂内开关管切换频率和开关损耗不同的问题。针对上述问题,可对 H/NPC 五电平逆变器的调制算法进行一系列的改进研究。

4.3.3　MMC 五电平逆变器

模块化多电平逆变电路是近年来研究较多的一类新型多电平逆变电路。模块化多电平换流器(MMC)的主电路拓扑结构如图 4-54 所示,共有三相六桥臂,每一相由上、下两个桥臂组成,每个桥臂由 N 个子模块和一个桥臂电感组成。

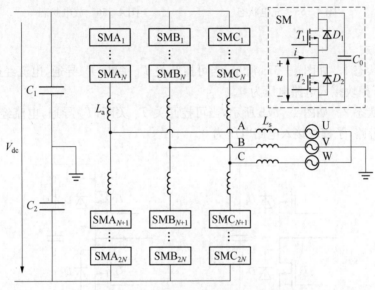

图 4-54　MMC 的主电路拓扑结构

其中,子模块如图 4-54 右上所示,由可控开关器件 T_1、T_2,反并联二极管 D_1、D_2 和电容 C_0 组成,通过控制开关器件的导通与关断让子模块直流侧的电容工作处在投入或切除模式,使其交流侧输出多电平电压。C_1、C_2 为直流侧滤波电容,同时起分压、稳压的作用;L_s 是交流侧滤波电感;L_a 是桥臂滤波电感,其主要作用是控制桥臂间的内部环流和降低换流器故障时的电流上升率。

4.3.3.1　子模块工作原理

根据开关器件状态的不同,子模块具有三种工作模式,即闭锁,投入和切除。只有当系统处于发生故障等非正常运行状态时,储能子模块才会工作在闭锁模式,因此这里不对闭锁模式展开讨论。仅针对在系统正常运行时的投入和切除这两种工作模式进行研究,而当系统处于这两种工作模式时,其储能子模块共有三种不同的工作状态,即充电、放电和旁路。其中,充电、放电状态是在投入模式下;旁路状态是在切除模式下。

1) 投入模式

(1) 充电状态。如图 4-55 所示,当可控开关 T_1 导通,T_2 关断,电流经过反并联二极管 D_1 对电容充电,子模块接入电路电压为 U_{SM}。

(2) 放电状态。如图 4-56 所示,当可控开关 T_1 导通,T_2 关断,电流经过可控开关 T_1 使电容放电,子模块接入电路电压为 U_{SM}。

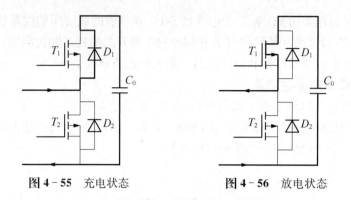

图 4-55　充电状态　　　　　　　图 4-56　放电状态

2) 切除模式

(1) 旁路状态 1。如图 4-57a 所示，当可控开关 T_1 关断，T_2 导通，电流经过可控开关 T_2 使电容旁路，子模块接入电路电压为 0。

(2) 旁路状态 2。如图 4-57b 所示，当可控开关 T_1 关断，T_2 导通，电流经过反并联二极管 D_2 使电容旁路，子模块接入电路电压为 0。

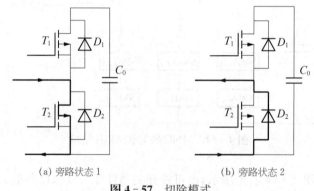

(a) 旁路状态 1　　　　　　　(b) 旁路状态 2

图 4-57　切除模式

综上分析，子模块的工作状态见表 4-6。

表 4-6　子模块工作状态

工作状态	T_1	T_2	电流流经器件	子模块电压
充电	导通	关断	D_1	U_{SM}
放电	导通	关断	T_1	U_{SM}
旁路	关断	导通	T_2	0
	关断	导通	D_2	0

根据上述分析可知，MMC 每个子模块可输出两种电平，当每相桥臂在任意时刻均有 N 个子模块接入电路时，则交流侧可以输出 $N+1$ 种电平的阶梯波。而桥臂子模块个数 N 越大，阶梯波的电平数就越多，输出的波形就越接近正弦波。

表 4-7 中以 $N=4$ 为例，列出了所有交流侧输出电压情况。由表 4-7 可知，交流侧输出电压为五种电平的阶梯波。通过对子模块的工作状态进行控制，使不同的子模块进行合理的

表 4 - 7　交流侧输出电压情况

情况	上桥臂接入子模块个数	下桥臂接入子模块个数	上桥臂电压	下桥臂电压	交流侧输出电压
1	0	4	0	$4U_{SM}$	$2U_{SM}$
2	1	3	U_{SM}	$3U_{SM}$	U_{SM}
3	2	2	$2U_{SM}$	$2U_{SM}$	0
4	3	1	$3U_{SM}$	U_{SM}	$-U_{SM}$
5	4	0	$4U_{SM}$	0	$-2U_{SM}$

组合即可实现 MMC 交流侧的多电平输出。

4.3.3.2　MMC 工作原理

　　MMC 三相之间的运行机理基本相同且每相具有一定的独立性,故这里以其中一相为例建立数学模型对 MMC 进行分析。桥臂上的阻抗对系统造成的影响忽略不计,则 j 相简化模型如图 4 - 58 所示。

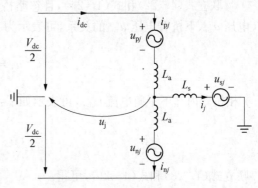

　　不考虑子模块内部开关器件和反并联二极管的开关动作过程,则 MMC 桥臂上的 N 个子模块可以用受控电压源等效,同时将直流母线的中点作为参考点。其中,u_{pj} 表示 j 相上桥臂电

图 4 - 58　MMC 单相简化模型

压,等于上桥臂所有投入子模块电压之和,u_{nj} 表示 j 相下桥臂电压,等于下桥臂所有投入子模块电压之和;i_{pj} 表示 j 相上桥臂电流,i_{nj} 表示 j 相下桥臂电流;V_{dc} 表示直流侧电压,i_{dc} 表示直流侧电流;u_j 表示 j 相交流侧输出电压,i_j 表示 j 相交流侧输出电流,u_{sj} 表示 j 相网侧电压;L_a 表示桥臂滤波电感,L_s 表示交流侧滤波电感。

　　定义 S_{jk} 是 j 相第 k 个子模块的开关函数,可表示为

$$S_{jk} = \begin{cases} 1, & T_1 \text{ 导通}, \quad T_2 \text{ 关断} \\ 0, & T_1 \text{ 关断}, \quad T_2 \text{ 导通} \end{cases} \quad (4-18)$$

j 相所有子模块的开关函数之和可表示为

$$\sum_{k=1}^{N} S_{jk} + \sum_{k=N+1}^{2N} S_{jk} = N \quad (4-19)$$

j 相子模块的电池电压 U_{SM} 与其接入电路中的电压 u_{jk} 的关系可表示为

$$u_{jk} = S_{jk} \cdot U_{SM} \quad (4-20)$$

则 j 相上桥臂电压 u_{pj}、下桥臂电压 u_{nj} 可表示为

$$\left. \begin{array}{l} u_{pj} = \sum_{k=1}^{N} S_{jk} \cdot U_{SM} \\ u_{nj} = \sum_{k=N+1}^{2N} S_{jk} \cdot U_{SM} \end{array} \right\} \quad (4-21)$$

根据电路基尔霍夫电压定律,可得

$$\frac{V_{dc}}{2} = u_{pj} + L_a \frac{di_{pj}}{dt} + L_s \frac{di_j}{dt} + u_{sj}$$

$$\frac{V_{dc}}{2} = u_{nj} + L_a \frac{di_{nj}}{dt} - L_s \frac{di_j}{dt} - u_{sj}$$

$$(4-22)$$

根据电路基尔霍夫电流定律,可得

$$i_j = i_{pj} - i_{nj} \qquad (4-23)$$

j 相交流侧输出电压 u_j 与网侧电压 u_{sj} 的关系,可表示如下:

$$u_j = L_s \frac{di_j}{dt} + u_{sj} \qquad (4-24)$$

联立式(4-22)和式(4-24),且忽略桥臂电感电压,则 j 相交流侧输出电压 u_j 与上桥臂电压 u_{pj}、下桥臂电压 u_{nj} 的关系,可表示为

$$u_j = \frac{u_{nj} - u_{pj}}{2} \qquad (4-25)$$

j 相桥臂内部不平衡电流 i_{dif_j},可表示如下:

$$i_{dif\_j} = \frac{i_{pj} + i_{nj}}{2} \qquad (4-26)$$

联立式(4-23)和式(4-26),可得

$$\left. \begin{array}{l} i_{pj} = i_{dif\_j} + \dfrac{i_j}{2} \\ i_{nj} = i_{dif\_j} - \dfrac{i_j}{2} \end{array} \right\} \qquad (4-27)$$

由式(4-27)可知,上、下桥臂电流中除了含有交流侧电流成分外,还有内部不平衡电流成分。直流电流 i_{dc} 在三相桥臂之间均分,且桥臂环流中存在基频环流成分,故不平衡电流可表示为

$$i_{dif\_j} = \frac{i_{dc}}{3} + i_{cir\_j} \qquad (4-28)$$

式中,i_{cir_j} 主要为基频环流成分。

4.3.3.3 MMC 调制策略

MMC 的调制策略是通过一定的方式来控制子模块中开关器件的通断以使其工作在投入或切除模式,从而达到利用直流母线电压使交流侧输出电压逼近调制波的目的。目前,储能型 MMC 常用的调制策略主要有载波移相调制、载波层叠调制和最近电平逼近调制这三种。接下来对应用最为广泛的载波移相调制策略进行简单的介绍。

载波移相调制的原理是将同一个调制波分别与不同的三角载波作比较,而这些三角载波的幅值和频率相同,只是它们的相位需要根据规律移动一定的角度。当调制波比载波大时,输出高电平;当调制波比载波小时,输出低电平,依此生成一组有规律的 PWM 脉冲,以控制储能

子模块中开关器件的通断。载波移相调制中的一种如图 4 - 59 所示,该示意图以 $N=4$ 为例,展示了单个桥臂的载波移相调制过程。

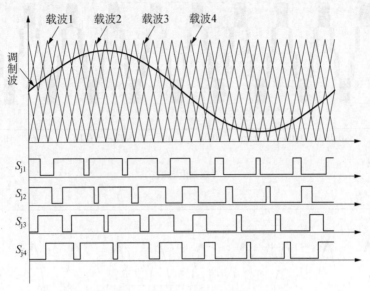

图 4 - 59 载波移相调制原理

4.3.3.4 MMC 仿真分析

图 4 - 60 是基于 Matlab/Simulink 搭建的五电平 MMC 的仿真模型,该仿真模型是基于载波移相调制策略的开环仿真模型(附录中给出了该仿真模型的源文件)。图 4 - 61 是由该仿真得到的交流侧输出相电压、线电压和相电流波形。此仿真模型为基础的开环仿真模型,如要深入研究 MMC 时,还需要考虑环流抑制和电容电压平衡等相关问题。

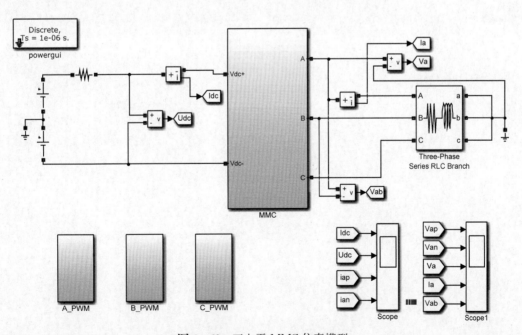

图 4 - 60 五电平 MMC 仿真模型

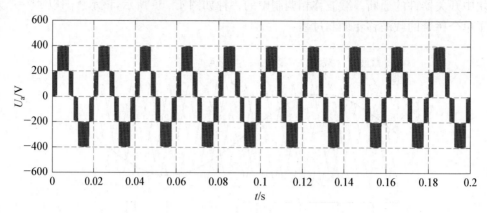

（a）输出相电压

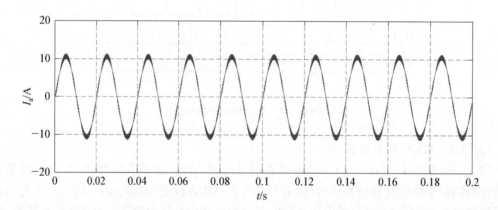

（b）输出相电流

图 4 - 61 五电平 MMC 仿真波形

第 5 章

交直流拖动系统的仿真设计

本章内容

　　本章首先介绍了直流电机的双闭环控制系统，接着以交流异步电动机为例，详细介绍了异步电动机的变压变频控制、矢量控制、直接转矩控制和模型预测控制方式，最后进行了不同控制方式的原理介绍、仿真模型搭建及对应结果分析。

本章特点

　　本章主要介绍了直流拖动、交流拖动系统的控制系统设计及对应 MATLAB 仿真搭建。

交直流电力拖动系统,也称为电力拖动自动控制系统,能实现电能与机械能之间的能量转换,在工业制造的各个领域都有广泛的应用。通过控制电动机电压、电流、频率等输入量,来改变电动机的转矩、速度和位移等机械量,从而使各种工作机械按照期望要求运行,以满足生产工艺及其应用的需要。

电力拖动系统由各类交直流电动机、电力电子功率放大与变换装置、控制器及相应的各类传感器等构成。电力拖动系统从电动机角度可分为直流拖动系统和交流拖动系统;电力电子功率放大与变换装置可分为晶闸管、各类全控型器件和复合功率驱动;控制器可分为模拟控制和数字控制器两大类。本章以 PWM 变换器驱动的直流电动机拖动系统和变压变频控制的交流异步电动机拖动系统为例,在简介其工作原理的基础上进行仿真设计;同时介绍了应用较为广泛的交流电动机矢量控制、直接转矩控制和模型预测控制算法,并给出了仿真案例。

5.1 直流拖动系统

5.1.1 工作原理

直流电动机应用调压进行调速,可以获得较好的调速系统。调节电枢供电电压的基本是要有可控直流电源,一般采用以电力电子器件组成的静止式可控直流电源。采用晶闸管整流电路作为可控直流电源,原理简单、控制相对方便,但存在无法四象限运行、du/dt 与 di/dt 过高以及网侧谐波严重等问题。PWM 变换器-电动机系统具备主电路简单、需用器件少,开关频率高、电流容易连续、谐波少、电机损耗及发热小,低速性能好、稳态精度高,系统频带宽、动态响应快,装置效率高和网侧功率因数高等一系列优点。本节将以桥式可逆 PWM 变换器-电动机系统为例介绍其工作原理。

桥式可逆 PWM 变换器电路如图 5-1 所示,一个开关周期内的具体过程如下:

(1) 当 $0 \leqslant t \leqslant t_{on}$ 时,电枢电压 $U_{AB} = U_S$,电枢电流 i_d 沿回路 1 流通。

(2) 当 $t_{on} < t < T$ 时,驱动信号翻转,i_d 沿回路 2 续流,$U_{AB} = -U_S$。

(3) 当 $t_{on} > T/2$ 时,U_{AB} 的平均值为正,电动机正转;反之则反转。

(4) 当 $t_{on} = T/2$ 时,平均值输出电压为零,电动机静止,有微振电枢电流。

(5) 电枢电流的方向取决于负载大小及回路电感大小,当负载电流较大时,在续流阶段维持原方向;当负载电流较小时,会提前结束续流而改变方向。

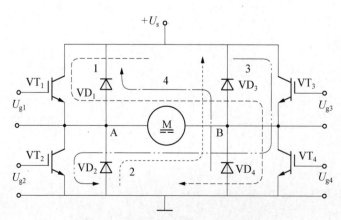

图 5-1 桥式可逆 PWM 变换器电路

采用转速、电流双闭环控制的 PWM 变换器—直流电动机调速系统的原理图如图 5-2 所示。其中，UPE 采用的桥式可逆 PWM 变换器、ASR 为转速调节器、ACR 为电流调节器，TG 为测速发电机。

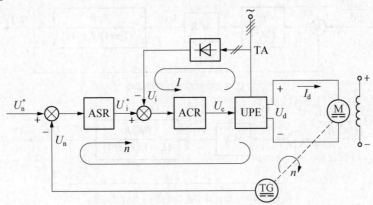

图 5-2　双闭环控制的 PWM 变换器-直流电动机调速系统的原理图

要进行双闭环调速系统的设计，必须将图 5-2 所述的原理图转换成动态结构框图，再基于控制理论进行 ASR、ACR 调节器参数设计。一般来说，ASR、ACR 都采用 PI 调节器，此时对应的系统动态结构框图如图 5-3 所示。其中，T_{on} 为转速反馈滤波时间、T_{oi} 为电流反馈滤波时间常数，α 为转速反馈系数、β 为电流反馈系数，T_1 为电机电磁时间常数、T_m 为电机机械时间常数、T_s 为 PWM 变换器的器件开关周期、K_s 为 PWM 变换器的等效增益、R 为系统总电阻、C_e 为反电动势系数。

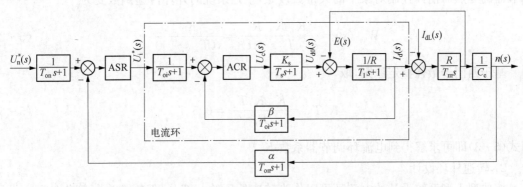

图 5-3　双闭环控制的 PWM 变换器-直流电动机调速系统的动态结构框图

5.1.2　双闭环控制系统设计

在进行直流电动机调速系统的双闭环控制系统设计时，一般采用工程设计方法进行。先根据系统要求选择调节器结构，以满足系统稳定的同时满足所需的稳态精度；再根据西门子"调节器最佳整定"等调节器工程设计方法进行调节器参数设计，以满足动态性能指标的要求。

1）电流内环设计

对图 5-3 中的电流内环来说，一般按典型 I 型系统进行整定设计，下面简单介绍下设计过程。对于电流内环来说，反电动势与电流反馈的作用相互交叉，代表的是转速对电流环的影响；考虑系统电磁时间常数远小于机械时间常数，因而对电流环来说，反电动势是个变化较慢的扰动，可在一定条件下忽略不计。对电流内环的结构框图进行变化后可得到如图 5-4a 所示的单位负反馈结构,再对其中的高频小惯性环节进行工程化近似处理,进一步简化为图 5-4b 所示。

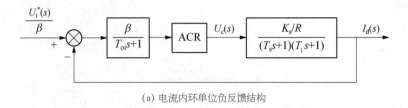

(a) 电流内环单位负反馈结构

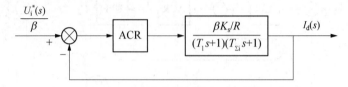

(b) 高频小惯性环节近似处理后的结构框图

图 5-4 电流内环的简化结构框图

设计 ACR 调节器为 PI 调节器,其传递函数为

$$W_{\text{ACR}}(s) = \frac{K_i(\tau_i s + 1)}{\tau_i s} \tag{5-1}$$

式中,K_i 和 τ_i 为待设计的调节器参数。

结合图 5-4b 和式(5-1)可知,要按典型 Ⅰ 型系统对电流环整定的话,可令 $\tau_i = T_l$,即用调节器的零点对消掉控制对象中的大常数极点,于是系统的开环传递函数变为

$$W_{\text{opi}}(s) = \frac{K_i \beta K_s / R}{\tau_i s (T_{\Sigma i} s + 1)} = \frac{K_I}{s(T_{\Sigma i} s + 1)} \tag{5-2}$$

基于西门子最佳整定原则,取

$$K_I T_{\Sigma i} = \frac{K_i \beta K_s T_{\Sigma i}}{R \tau_i} = 0.5 \tag{5-3}$$

由式(5-3)即可求解得到电流环调节器系数 K_i。

2) 转速外环设计

按典型 Ⅰ 型系统设计的电流环可以作为转速外环的一部分,但需要进行简化处理。设计好的电流环闭环传递函数为

$$W_{\text{cli}}(s) = \frac{I_d(s)}{U_i^*(s)/\beta} = \frac{1}{\dfrac{T_{\Sigma i}}{K_I} s^2 + \dfrac{1}{K_I} s + 1} \tag{5-4}$$

采用高阶系统的降阶近似处理方法,忽略高次项,上式可近似为

$$W_{\text{cli}}(s) \approx \frac{1}{\dfrac{1}{K_I} s + 1} = \frac{1}{2T_{\Sigma i} s + 1} \tag{5-5}$$

因此

$$\frac{I_{\mathrm{d}}(s)}{U_{\mathrm{i}}^*(s)} = \frac{W_{\mathrm{cli}}(s)}{\beta} \approx \frac{1/\beta}{2T_{\Sigma i}s+1} \tag{5-6}$$

将等效后的电流内环传递函数代入图 5 - 3 中,得到转速外环的结构框图如图 5 - 5a 所示;对图 5 - 5a 进行简化,并将高频小惯性环节进行近似处理后,可以得到转速外环的单位负反馈结构框图如图 5 - 5b 所示。

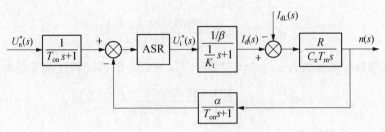

(a) 转速外环的结构框图

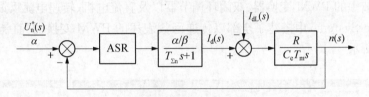

(b) 转速外环单位负反馈结构

图 5 - 5　转速外环的简化结构框图

设计 ASR 调节器为 PI 调节器,其传递函数为

$$W_{\mathrm{ASR}}(s) = \frac{K_{\mathrm{n}}(\tau_{\mathrm{n}}s+1)}{\tau_{\mathrm{n}}s} \tag{5-7}$$

式中,K_{n} 和 τ_{n} 为待设计的调节器参数。

转速外环的开环传递函数变为

$$W_{\mathrm{opi}}(s) = \frac{K_{\mathrm{n}}\alpha R(\tau_{\mathrm{n}}s+1)}{\tau_{\mathrm{n}}\beta C_{\mathrm{e}}T_{\mathrm{m}}s^2(T_{\Sigma n}s+1)} = \frac{K_{\mathrm{N}}(\tau_{\mathrm{n}}s+1)}{s^2(T_{\Sigma n}s+1)} \tag{5-8}$$

按照工程设计中的"振荡指标法"有

$$\tau_{\mathrm{n}} = hT_{\Sigma n} \tag{5-9}$$

$$K_{\mathrm{N}} = \frac{K_{\mathrm{n}}\alpha R}{\tau_{\mathrm{n}}\beta C_{\mathrm{e}}T_{\mathrm{m}}} = \frac{h+1}{2h^2 T_{\Sigma n}^2} \tag{5-10}$$

式中,h 为中频宽,根据动态性能的要求决定,无特殊要求时,一般选择 $h=5$。

5.1.3　仿真设计

某直流电动机参数为:额定电压 $U_{\mathrm{N}} = 400\,\mathrm{V}$,额定电流 $I_{\mathrm{dN}} = 52.2\,\mathrm{A}$,额定转速 $2\,610\,\mathrm{r/min}$,反电动势系数 $C_{\mathrm{e}} = 0.145\,9\,(\mathrm{V \cdot min/r})$,允许过载倍数 $\lambda = 1.5$。

采用 PWM 变换器供电,开关频率为 $8\,\mathrm{kHz}$,变换器增益 K_{s} 为 107.6,电枢回路总电阻 $R = 0.368\,\Omega$;电磁时间常数 $T_{\mathrm{l}} = 0.014\,4\,\mathrm{s}$,机械时间常数 $T_{\mathrm{m}} = 0.18\,\mathrm{s}$;转速反馈系数 $\alpha = 0.003\,83$ $(\mathrm{V \cdot min/r})$,电流反馈系数 $\beta = 0.127\,7\,(\mathrm{V/A})$;额定转速给定时对应的给定电压 $U_{\mathrm{n}}^* = 10\,\mathrm{V}$。

设计要求：按照典型 Ⅰ 型系统设计电流调节器，要求电流超调量 $\sigma_i \leqslant 5\%$；按照典型 Ⅱ 型系统设计转速调节器，要求转速无静差，空载启动到额定转速时的转速超调量 $\sigma_n \leqslant 5\%$。

仿真要求：采用纯传递函数方式进行仿真；采用 PWM 变换器方式进行仿真。

1）调节器参数计算

根据 5.1.1 节中的内容，计算得到电流调节器的参数为 $\tau_i = 0.014\,4\,s$，$K_i = 0.266$，即电流调节器为

$$W_{ACR}(s) = \frac{0.266(0.014\,4\,s + 1)}{0.014\,4\,s} \tag{5-11}$$

设计得到转速调节器的参数为 $\tau_n = 0.057\,25\,s$，$K_n = 124.686$，即转速调节器为

$$W_{ASR}(s) = \frac{124.686(0.057\,25\,s + 1)}{0.057\,25\,s} \tag{5-12}$$

2）纯传递函数仿真搭建

根据前两节中的 PWM 变换器、双闭环调节器以及直流电机、转速电流反馈环节的相关系数，在 SimPowerSystems 中搭建了全部以传递函数表述的 PWM 变换器-直流电动机调速系统，如图 5-6 所示。

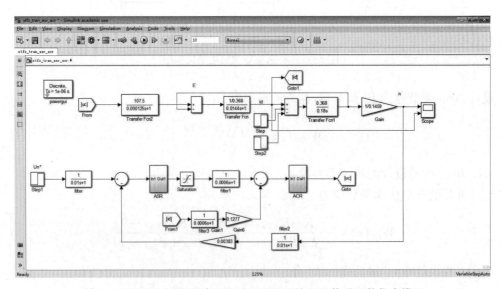

图 5-6 PWM 变换器-直流电动机调速系统的纯传递函数仿真模型

（1）仿真的上半部分为 PWM 变换器及直流电动机部分的传递函数，仿真中反电动势 E 对电流内环的影响并未忽略。

（2）仿真的下半部分为设计的双闭环控制系统，转速给定电压 $U_n^* = 10\,V$，转速反馈滤波时间 T_{on} 为 0.01 s，电流反馈滤波时间常数 T_{oi} 为 0.000 6 s。

（3）将式（5-12）中 ASR 调节器参数以带限幅的 PI 调节器实现，K_p 为 124.686，K_i 为 124.686/0.057 25＝2 177.92，ASR 的限幅决定了允许的最大电流值，仿真中设置 ±10 V。

（4）将式（5-11）中 ACR 调节器参数以 PI 调节器实现，K_p 为 0.266，K_i 为 0.266/0.014 4＝18.47，由于 ACR 在整个工作中不允许出现饱和情况，故 ACR 的限幅可以不设，或者设置为 inf 和 −inf。

（5）整个系统以给定 $U_n^* = 10\,V$ 启动，在 $t = 5\,s$ 时，加载 $50\,N \cdot m$，在 $t = 8\,s$ 时，减载 $50\,N \cdot m$。

运行仿真，采用示波器观测电机转速和电枢电流波形如图 5-7 所示。

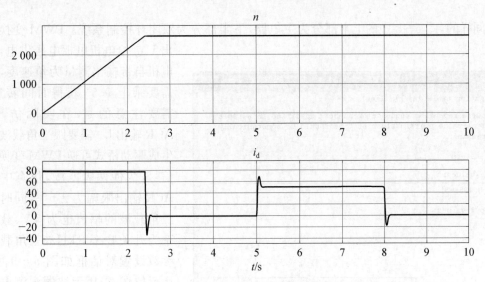

图 5-7　PWM 变换器-直流电动机调速系统的纯传递函数仿真的转速和电流波形

由图 5-7 可知，电机以最大运行转矩快速启动，稳定后速度稳定在额定值 $2\,610\,r/min$，此时电枢电流因电机不带载而下降至零；加载 $50\,N \cdot m$ 后，电机转速先微有跌落，而后很快恢复额定值，电枢电流稳定在某一值；同样在再次加载后，电机转速微有上升后恢复正常，电枢电流再次稳定在零。

3）PWM 变换器-直流电动机仿真搭建

为了更好地模拟实际系统的 PWM 变换器和直流电动机性能，本书还给出了采用 PWM 变换器和电机模块的直流调速系统仿真，仿真模型如图 5-8 所示。直流侧电压给定为 $500\,V$，

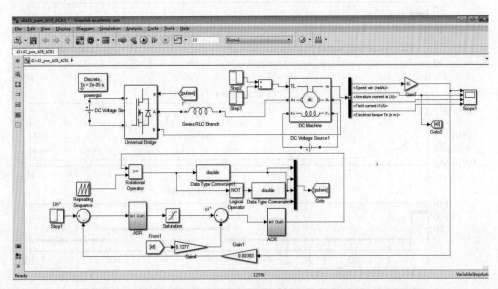

图 5-8　PWM 变换器-直流电动机调速系统的实际模块仿真模型

PWM 变换器采用桥式可逆 PWM 变换器模块,以并联续流二极管的 MOSFET 作为功率开关器件;直流电机选择电机库中的 DC Machine 模块,励磁电压为 220 V、输入设置为 T_L 输入,电机参数按实际电机参数设置;电枢回路串入 5 mH 的平波电抗器,仿真启动及加减载情况同上。

同样的,图 5-8 中的上半部分为主电路,下半部分为双闭环控制系统。PWM 变换器输出 U_{AB} 给电机电枢电压供电,由于电机自带输出测量为角速度,因而需要乘上 9.55 获得时间转速 n。需要注意的是,在实际仿真中,ACR 输出 U_c 需要跟三角载波比较生成驱动桥式可逆 PWM 变换器的信号,为使两者匹配,仿真中设置 ACR 输出限幅为 ± 5 V,同时设置三角载波的幅值也为 5 V、载波频率为开关频率 8 kHz,三角载波的参数设置对话框如图 5-9 所示。运行仿真,采用示波器观测电机转速及电枢电流波形如图 5-10 所示。

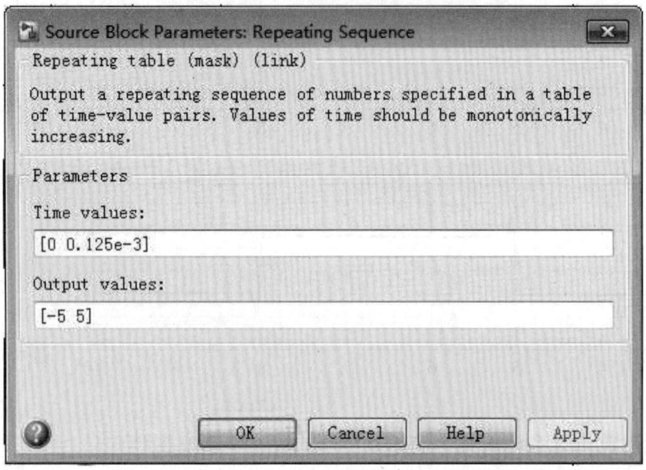

图 5-9 三角载波参数设置对话框

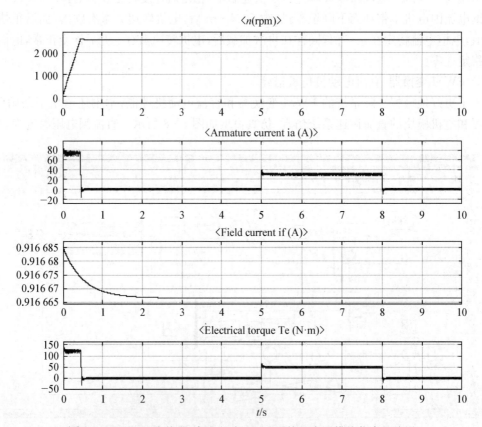

图 5-10 PWM 变换器-直流电动机调速系统的实际模块仿真的波形

图 5-10 的第一个波形是电机实际转速波形,可以看到在快速启动后转速很好地稳定在额定转速 2 610 r/min,在加减载过程中也有很好的抗扰性能;第二和第四个波形分别是电枢电流和电磁转矩波形,在启动时两者以最大值运行,稳定后则等于负载电流、转矩;第三个则是励磁电流波形,因为是他励直流电动机,因而电磁电流稳定。

5.2 交流异步电动机的变压变频调速

5.2.1 工作原理

变压变频调速是异步电动机基于稳态模型调速的一种常用调速方法,在极对数 n_p 一定的情况下,电机同步转速 n_1 随频率变化,即

$$n_1 = \frac{60 f_1}{n_p} = \frac{60 \omega_1}{2 \pi n_p} \tag{5-13}$$

1) 基频以下调速

异步电动机定子每相电动势有效值如式(5-14)所示:

$$E_g = 4.44 f_1 N_s k_{Ns} \Phi_m \tag{5-14}$$

当异步电动机运行在基频以下时,为确保电机出力的同时避免铁心饱和情况,需要尽量维持每极磁通量为额定值,因此在电机频率 f_1 往下降的同时必须降低 E_g,即保证

$$\frac{E_g}{f_1} = 4.44_1 N_s k_{Ns} \Phi_m = 常数 \tag{5-15}$$

即在基频以下应采用电动势频率比为恒值的控制方式。考虑到电机绕组中的电动势是难以直接测量的,根据电机学相关理论,当电动势值较高时(转速较高时),可忽略定子电阻和漏感上的压降,从而可用定子相电压来近似定子每相绕组感应出来的电动势值,即 $U_s \approx E_g$,则控制方式变为

$$\frac{U_s}{f_1} \approx \frac{E_g}{f_1} = 4.44_1 N_s k_{Ns} \Phi_m = 常数 \tag{5-16}$$

这就是所谓的恒压频比控制方式。

当电机运行频率很低时,U_s 和 E_g 都比较小,此时定子电阻和漏感上的压降无法忽略,需要人为对 U_s 进行升高,以补偿上述压降。在实际应用中,负载大小不同,需要补偿的定子电压大小也不一样,通常会在控制算法中设定不同补偿特性曲线以供用户选择。

2) 基频以上调速

在基频以上调速时,频率从额定频率 f_{1N} 往上增大,而受电机绝缘耐压等因数影响,定子电压 U_s 无法同步上升,只能保持额定电压 U_{sN} 值不变,此时电机每极磁通量,即工作在弱磁状态。异步电动机变压变频调速的控制特性如图 5-11 所示。

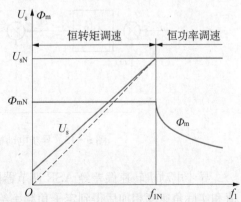

图 5-11 异步电动机变压变频调速的控制特性

3）控制系统

在实际应用中，异步电动机的变压变频调速有开环和闭环两种运行方式，开环控制的原理图如图 5-12 所示。

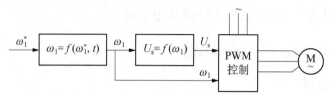

图 5-12 异步电动机变压变频调速的开环控制原理图

转速开环变压变频控制适用于风机、水泵等对调速性能要求不高的应用场合，可以和通用的鼠笼型异步电动机配套使用。

图 5-12 中，同步频率给定为 ω_1^*，考虑系统本身没有限制起动和制动电流的功能，为限制起动和制动电流就必须要对给定频率进行斜率设置，定积分算法是一种常用的斜率设置方法，此时图中的 $\omega_1^* = f(\omega_1^*, t)$ 可表述为

$$\omega_1(t) = \begin{cases} \omega_1^*, & \omega_1 = \omega_1^* \\ \omega_1(t_0) + \int_{t_0}^{t} \dfrac{\omega_{1N}}{\tau_{up}} dt, & \omega_1 < \omega_1^* \\ \omega_1(t_0) - \int_{t_0}^{t} \dfrac{\omega_{1N}}{\tau_{down}} dt, & \omega_1 > \omega_1^* \end{cases} \tag{5-17}$$

图中的 $U_s = f(\omega_1)$ 即为带低频补偿的电压/频率特性，当实际频率大于等于额定频率时，定子保持额定电压不变；当实际频率小于额定频率时，电压/频率特性为带低频补偿的恒压频比控制方式。

异步电动机变压变频调速的闭环控制一般基于转速闭环转差频率控制，控制原理是在保持气隙磁通不变的前提下，通过控制转差角频率来控制转矩，对应的闭环控制原理框图如图 5-13 所示。

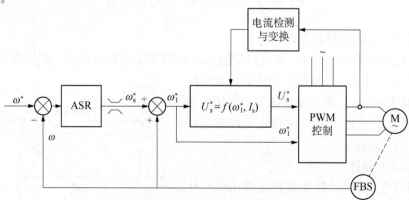

图 5-13 异步电动机变压变频调速的闭环控制原理图

异步电动机转速偏差经 ASR 调节器限幅输出后得到转差频率给定值 ω_s^*，转差频率给定值和实际角速度相加后得到定子角频率给定值 ω_1^*，再通过电压/频率特性环节后提供给逆变器。异步电动机变压变频闭环调速中，实际转速负反馈外环闭环、正反馈内闭环，电压/频率特

性中的低频定子电压补偿根据实际电流值实时调整。

5.2.2　仿真设计

本节以异步电动机变压变频开环调速为例进行仿真设计,搭建的整体仿真模型如图 5-14 所示。

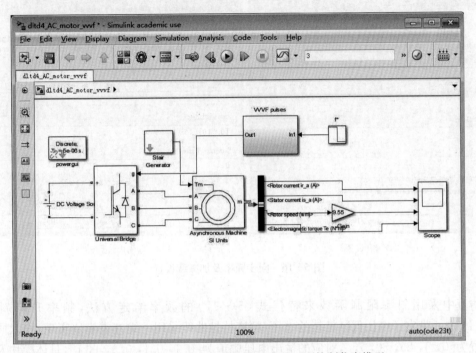

图 5-14　异步电动机变压变频调速的开环控制仿真模型

仿真中直流侧电压给定为 1 000 V,变频器采用三全桥 PWM 变换器模块,以并联续流二极管的 IGBT 作为功率开关器件;异步电动机选择电机库中的 Asynchronous Machines SI Units 模块,电机参数设置如图 5-15 所示。

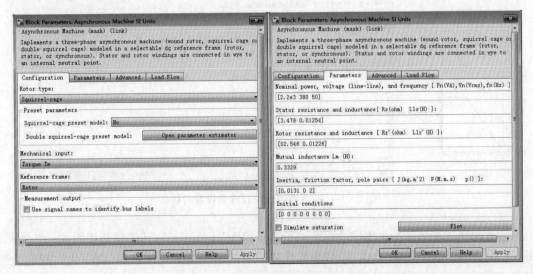

图 5-15　异步电动机参数设置对话框

仿真情况为：$t=0$ 时，电机以额定频率 50 Hz 空载启动；$t=1\,\mathrm{s}$ 时，额定频率运行加载 10 N·m 负载；$t=2\,\mathrm{s}$ 时，10 N·m 负载下同步频率将至 20 Hz，仿真时间为 3 s；具体的频率及加减载设置如图 5‑16 所示。

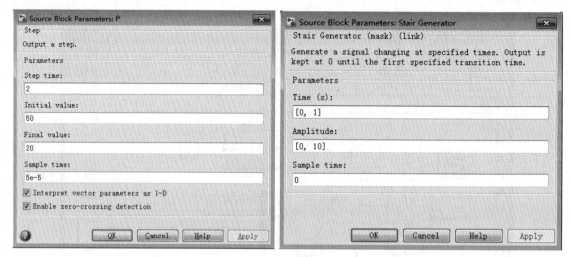

(a) 频率变化设置 　　　　　　　　　(b) 加减载设置

图 5‑16　同步频率及加减载设置

仿真中采用斜率限制函数来替代式（5‑17）的频率给定方法，频率升降斜率为 $\pm200\,\mathrm{Hz/s}$。带定子电压低频补偿的电压/频率特性曲线采用一维查表模块实现，输入同步频率设置为 $[0,5,25,50,75]$，对应的输出电压幅值为 $[0.1,0.1,0.5,1,1]$，具体模块及参数配置如图 5‑17 所示。

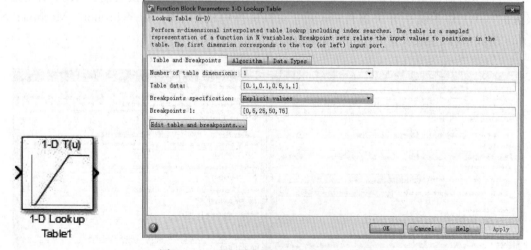

图 5‑17　一维查表模块及参数设置对话框

整体的变压变频脉冲生成模块封装成子系统（VVVF pulses），具体展开如图 5‑18 所示。图 5‑19 为给定同步频率、经电压/频率特性环节后的输出定子电压幅值（归一化）、对应的给定三相定子定压、与三角载波比较后生成的触发脉冲波形。

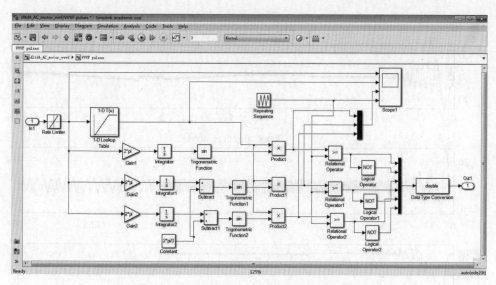

图 5-18　异步电动机变压变频控制的脉冲生成模块

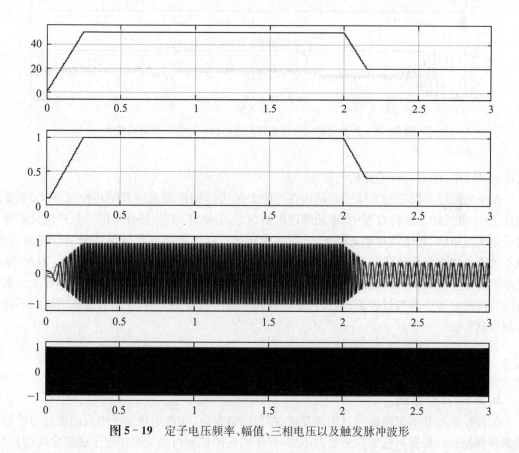

图 5-19　定子电压频率、幅值、三相电压以及触发脉冲波形

运行仿真后,整体的仿真输出波形如图 5-20 所示,从上到下分别是 a 相转子电流、a 相电子电流、电机转速和转矩波形。由图可知,以额定频率空载启动后,转速基本达到期望值,转矩稳定至零;当在额定频率下加载时,电机转速在稍微跌落后基本恢复正常,电机转矩稳定至负载转矩;当定子频率下降时,电机转速随之下降,定子电流频率降低,电机转矩在波动后再次稳

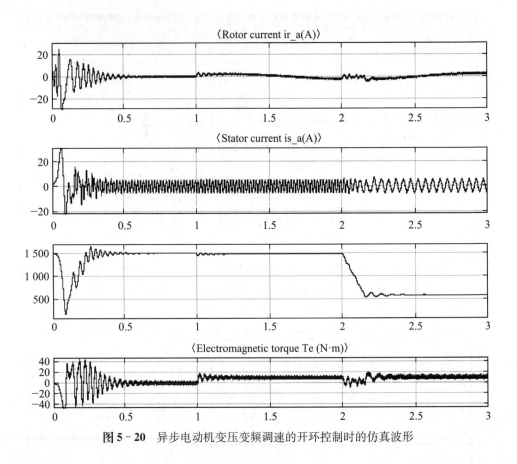

图 5-20 异步电动机变压变频调速的开环控制时的仿真波形

定在负载转矩,基本与理论分析一致。

基于电机稳态模型的变压变频调速在性能上无法达到直流电机双闭环控制系统,主要原因在于:①电机动态运行过程中,磁通难以维持恒定;②电压/频率特性中的低频补偿只是基于定子电流幅值的,无法满足动态要求;③引入的转速正反馈内闭环能够保证频率与转速同步,但不可避免的会将测速环节中的干扰、偏差等一并引入,从而影响电机控制效果。因此,要进一步提高异步电动机的调速性能,就必须从动态模型出发,研究高动态性能的控制算法。本书将以目前研究集中的矢量控制、直接转矩控制和模型预测控制为例,介绍异步电动机的不同高性能控制算法。

5.3 交流异步电动机的矢量控制

5.3.1 工作原理

矢量控制的基本思路是通过坐标变换,按照磁链定向,实现电机定子电流的磁链与转矩分量的解耦控制。根据所选定向矢量的不同,异步电机的控制可分为基于定子磁链定向的控制、基于气隙磁链定向的控制和基于转子磁链定向的控制。本文选用基于转子磁链定向的矢量控制,将 dq 旋转坐标系的 d 轴定向在转子磁链上,这样,转子磁链的 q 轴分量 Ψ_{rq} 为零,考虑到异步电动机的转子电压为零,应用转子磁链定向矢量控制理论,异步电动机的电压、磁链和转矩方程可表述为

$$u_{sd} = R_s i_{sd} + p\Psi_{sd} - \omega_1 \Psi_{sq}$$

$$u_{sq} = R_s i_{sq} + p\Psi_{sq} + \omega_1 \Psi_{sd}$$

$$0 = R_r i_{rd} + p\Psi_{rd}$$

$$0 = R_r i_{rq} + \omega_s \Psi_{rd} \tag{5-18}$$

$$\Psi_{sd} = L_s i_{sd} + L_m i_{rd}$$

$$\Psi_{sq} = L_s i_{sq} + L_m i_{rq}$$

$$\Psi_{rd} = L_m i_{sd} + L_r i_{rd}$$

$$0 = L_m i_{sq} + L_r i_{rq} \tag{5-19}$$

$$T_{em} = n_p \frac{L_m}{L_r} i_{sq} \Psi_{rd} \tag{5-20}$$

将式(5-19)代入(5-18),可得

$$u_{sd} = R_s i_{sd} + p(L_s i_{sd} + L_m i_{rd}) - \omega_1 (L_s i_{sd} + L_m i_{rd}) \tag{5-21}$$

由式(5-19)得

$$i_{rq} = -\frac{L_m}{L_r} i_{sq} \tag{5-22}$$

$$i_{rd} = \frac{\Psi_{rd} - L_m i_{sd}}{L_r} \tag{5-23}$$

将式(5-23)和式(5-22)代入式(5-21)得

$$u_{sd} = R_s i_{sd} + p L_s i_{sd} + p L_m \frac{\Psi_{rd} - L_m i_{sd}}{L_r} - \omega_1 \left(L_s i_{sq} - \frac{L_m^2}{L_r} i_{sd} \right) \tag{5-24}$$

整理后,可得

$$u_{sd} = R_s i_{sd} + \sigma L_s p i_{sd} + \frac{L_m}{L_r} p \Psi_{rd} - \omega_1 \sigma L_s i_{sq} \tag{5-25}$$

式中,漏磁系数 $\sigma = 1 - \dfrac{L_m^2}{L_s L_r}$。

　　同理可得

$$u_{sq} = R_s i_{sq} + \sigma L_s p i_{sq} + \omega_1 \left(\sigma L_s i_{sd} + \frac{L_m}{L_r} \Psi_{rd} \right) \tag{5-26}$$

$$\Psi_{rd} = \frac{L_m}{1 + \tau_r p} i_{sd} \tag{5-27}$$

式中,转子时间常数 $\tau_r = \dfrac{L_r}{R_r}$。

$$\omega_s = \frac{L_m}{\tau_r} \frac{i_{sq}}{\Psi_{rd}} \tag{5-28}$$

$$T_{em} = n_p \frac{L_m}{L_r} i_{sq} \Psi_{rd} = \frac{n_p}{R_r} \Psi_{rd}^2 \omega_s \qquad (5-29)$$

式(5-25)～式(5-29)为基于转子磁链定向的矢量控制方程式。从式(5-27)知,转子磁链的幅值仅与定子电流的 d 轴分量有关。由式(5-29)可得,在 Ψ_{rd} 恒定时,电磁转矩仅与定子电流的 q 轴分量有关,没有最大值限制,通过控制定子电流的 q 轴分量即可实现对电磁转矩的控制。一般地,称定子电流的 d 轴分量为励磁分量,定子电流的 q 轴分量为转矩分量。

式(5-24)和式(5-26)等价于

$$\left. \begin{aligned} u_{sd} &= (R_s + \sigma L_s p) i_{sd} - u_{sdc} \\ u_{sq} &= (R_s + \sigma L_s p) i_{sq} + u_{sqc} \end{aligned} \right\} \qquad (5-30)$$

其中

$$\left. \begin{aligned} u_{sdc} &= \omega_1 \sigma L_s i_{sq} - \frac{L_m}{L_r} p \Psi_{rd} \\ u_{sqc} &= \omega_1 \left(\sigma L_s i_{sd} + \frac{L_m}{L_r} \Psi_{rd} \right) \end{aligned} \right\} \qquad (5-31)$$

由式(5-30),在忽略了反电势引起的交叉耦合项以后,可由定子电压 d 轴分量控制转子磁链,定子电压 q 轴分量控制转矩,实现了磁链和转矩的解耦控制,可以获得和直流调速相媲美的调速性能。对于式(5-31)所示的交叉耦合项,应用前馈补偿方法,结合式(5-30)得到异步电机矢量控制系统的结构框图,如图 5-21 所示。

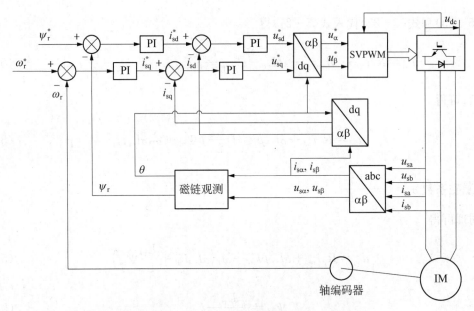

图 5-21 异步电动机矢量控制系统的结构框图

磁链偏差经 PI 调节器后输出定子励磁电流给定值 i_{sd}^*,转速偏差经 PI 调节器后输出定子转矩电流给定值 i_{sq}^*,两个电流内环经 PI 调节后输出期望电压信号,经 SVPWM 后输出驱动脉冲信号给逆变器,从而实现磁链、转矩的独立闭环控制。异步电动机矢量控制的具体原理本书限于篇幅不再详述,读者可查阅相关资料进行学习;在掌握原理的基础上,接下来介绍矢量控制系统的仿真设计。

5.3.2　矢量控制仿真设计

本小节所研究的基于转子磁链定向的异步电机矢量调速系统仿真模型如图 5-22 所示。系统所采用的逆变器直流电压为 650 V,图中包括异步电机(鼠笼式异步电机)模型,三相 IGBT 逆变桥模型以及建立的 SVPWM 模块,转子磁链观测模块,前馈补偿模块,PI 调节器模块和 3s/2s、2s/2r、2r/2s 等坐标变换模块等。

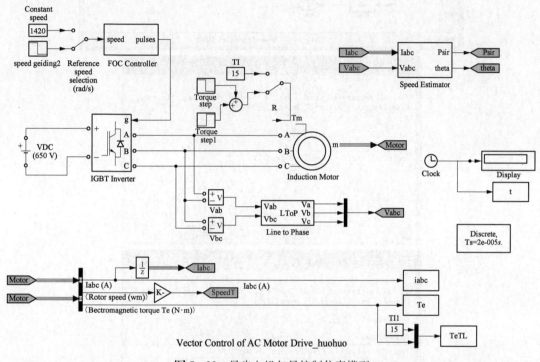

图 5-22　异步电机矢量控制仿真模型

1) 坐标变换模块

仿真中涉及的坐标变换有:①将检测到的电机三相电压和三相电流通过 3s/2s 变换得到两相静止坐标系中的 $u_{s\alpha}$、$u_{s\beta}$ 以及 $i_{s\alpha}$、$i_{s\beta}$,以便进行磁链观测,转矩观测等;②将三相电流通过 3s/2s、2s/2r(3s/2r)变换得到 i_{sd}、i_{sq} 以进行电流闭环控制;③将控制输出的期望电压 u_{sd}^* 和 u_{sq}^* 通过 2r/2s 转换至两相静止坐标系得到 u_{α}^* 和 u_{β}^*,作为 SVPWM 环节的输入。仿真中采用编写 fcn 函数的方式实现坐标变换,以 3s/2s 变换为例,如图 5-23 所示;三相电流转换到 i_{sd} 和 i_{sq} 的仿真模型如图 5-24 所示,其中 Teta 为通过磁链观测得到的 θ 角度,增益 k 为恒功率变换系数 $\sqrt{2/3}$。

2) 磁链观测模块

按转子磁链定向的矢量控制系统中,转子磁链(包括幅值和相位)的准确获取是关键。由于转子磁链直接检测较难,一般通过易测的电压、电流或转速信号,借助转子磁链模型进行获取。转子磁链模型可以直接从电动机模型中推导出来,也可以利用状态观测器等进行闭环观测,在应用中使用较多的是电流模型和电压模型两种。本仿真以电压模型为例进行介绍。

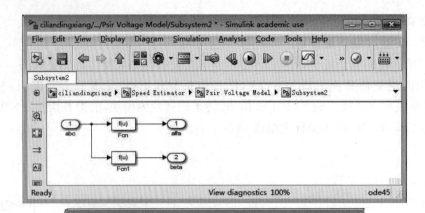

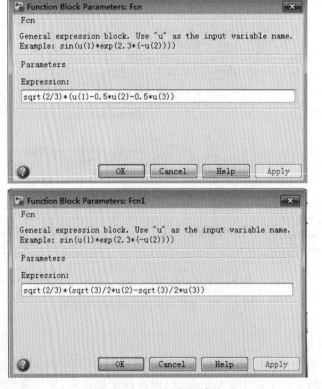

图 5 - 23 3s/2s 仿真模型

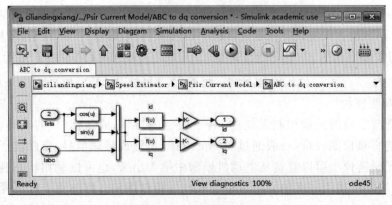

图 5 - 24 3s/2r 仿真模型

在 αβ 两相静止坐标系的定子电压方程、磁链方程分别为

$$
\left.
\begin{aligned}
\frac{\mathrm{d}\Psi_{s\alpha}}{\mathrm{d}t} &= -R_s i_{s\alpha} + u_{s\alpha} \\
\frac{\mathrm{d}\Psi_{s\beta}}{\mathrm{d}t} &= -R_s i_{s\beta} + u_{s\beta}
\end{aligned}
\right\}
\tag{5-32}
$$

$$
\left.
\begin{aligned}
\Psi_{s\alpha} &= L_s i_{s\alpha} + L_m i_{r\alpha} \\
\Psi_{s\beta} &= L_s i_{s\beta} + L_m i_{r\beta} \\
\Psi_{r\alpha} &= L_m i_{s\alpha} + L_r i_{r\alpha} \\
\Psi_{r\beta} &= L_m i_{s\beta} + L_r i_{r\beta}
\end{aligned}
\right\}
\tag{5-33}
$$

求解式(5-33)可得

$$
i_{r\alpha} = \frac{\Psi_{s\alpha} - L_s i_{s\alpha}}{L_m}
\tag{5-34}
$$

$$
i_{r\beta} = \frac{\Psi_{s\beta} - L_s i_{s\beta}}{L_m}
\tag{5-35}
$$

将式(5-34)、式(5-35)代入式(5-33)可得

$$
\left.
\begin{aligned}
\Psi_{r\alpha} &= \frac{L_r}{L_m}(\Psi_{s\alpha} - \sigma L_s i_{s\alpha}) \\
\Psi_{r\beta} &= \frac{L_r}{L_m}(\Psi_{s\beta} - \sigma L_s i_{s\beta})
\end{aligned}
\right\}
\tag{5-36}
$$

再结合式(5-32)可得

$$
\left.
\begin{aligned}
\Psi_{r\alpha} &= \frac{L_r}{L_m}\left[\int(u_{s\alpha} - R_s i_{s\alpha})\mathrm{d}t - \sigma L_s i_{s\alpha}\right] \\
\Psi_{r\beta} &= \frac{L_r}{L_m}\left[\int(u_{s\beta} - R_s i_{s\beta})\mathrm{d}t - \sigma L_s i_{s\beta}\right]
\end{aligned}
\right\}
\tag{5-37}
$$

根据式(5-37)搭建的电压模型仿真如图 5-25 所示,所搭建的矢量控制系统的控制部分如图 5-26 所示。

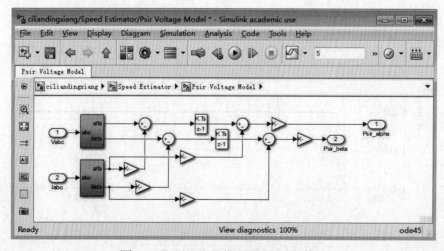

图 5-25　基于电压模型的磁链观测模型

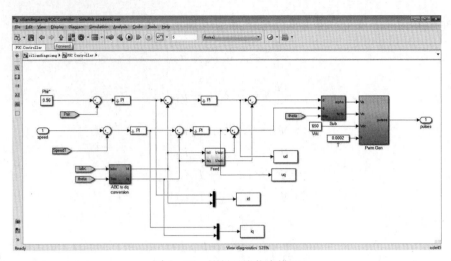

图 5 - 26 控制系统仿真模型

5.3.3 仿真结果分析

首先进行转速给定不变、转矩变化的仿真。仿真条件为：0 s 时控制器发出起动指令，给定转速为电机的额定转速 1 420 r/min。电机带额定负载启动，在 2.5 s 时负载突减为 50% 额定负载，在 3.5 s 恢复额定负载，仿真波形如图 5 - 27～图 5 - 29 所示。

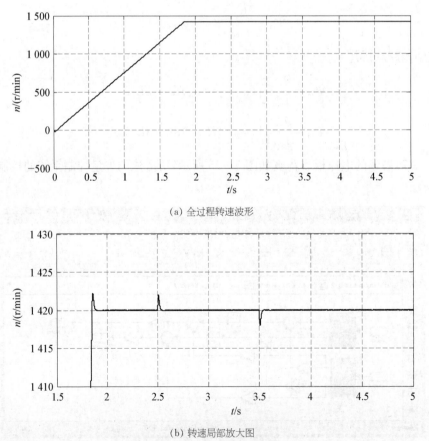

(a) 全过程转速波形

(b) 转速局部放大图

图 5 - 27 异步电机转速波形

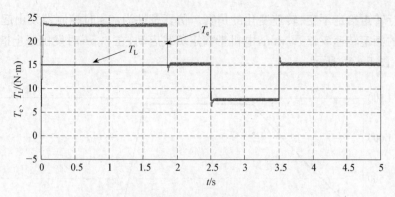

图 5 - 28　电磁转矩波形

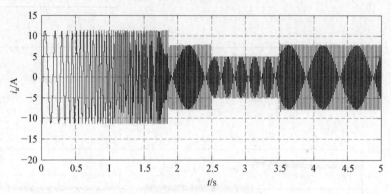

(a) 定子 A 相电流波形

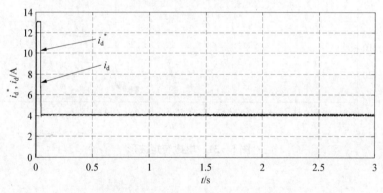

(b) 定子电流励磁分量的给定和实际值

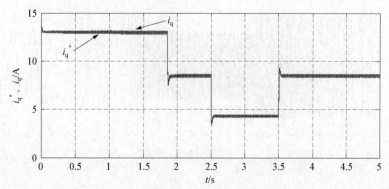

(c) 定子电流转矩分量的给定和实际值

图 5 - 29　定子电流波形

接着进行转矩给定不变、转速变化的仿真。仿真条件为:0 s 时控制器发出起动指令,给定转速为电机的额定转速 1 420 r/min,电机带额定负载启动,在 3.5 s 时发出停止指令,仿真波形如图 5 - 30~图 5 - 32 所示。

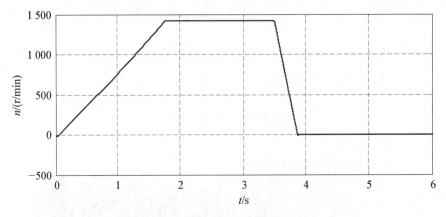

图 5 - 30 全过程转速波形

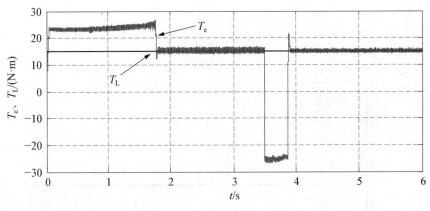

图 5 - 31 电磁转矩波形

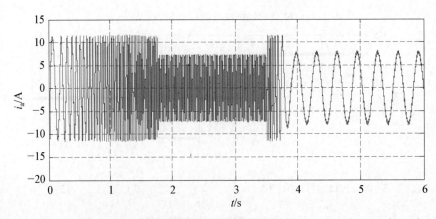

(a) 定子 A 相电流波形

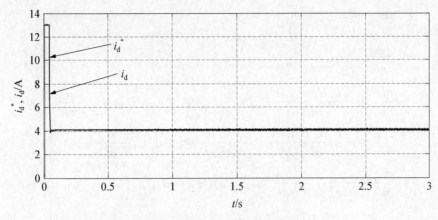

(b) 定子电流励磁分量的给定和实际值

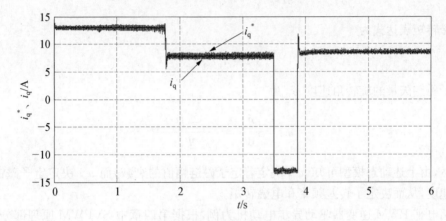

(c) 定子电流转矩分量的给定和实际值

图 5 - 32　定子电流波形

从上述仿真结果可以发现：

(1) 电机在接到转速指令后,电磁转矩快速建立到最大起动转矩($1.5T_{eN}$),电机恒加速度起动。定子电流在启动阶段保持在设定的最大电流($1.5I_N$),没有出现过流现象。

(2) 电机转速出现较小的超调后很快稳定在指令转速。在突加和突减负载的暂态过程中,电机也很快地稳定在指令转速,调节效果显著。

(3) 整个过程中,实现了定子电流励磁分量和转矩分量的精确解耦。电流内环响应迅速,转速响应曲线平滑。

5.4　交流异步电动机的直接转矩控制

5.4.1　工作原理

直接转矩控制(direct torque control,DTC)系统,是矢量控制系统之后发展的另一种应用广泛高动态性能的交流电动机调速方法。DTC 控制系统的基本思路是根据定子磁链幅值偏差的正负符号、电磁转矩偏差的正负符号,再根据当前时刻定子磁链矢量所在的位置,直接通过选择合适的电压空间矢量来减小定子磁链幅值偏差和电磁转矩偏差,从而实现电磁转矩和定子磁链的控制。

DTC 控制系统一般按定子磁链定向控制,此时电机的动态数学模型为

$$\left.\begin{aligned}
\frac{\mathrm{d}\omega}{\mathrm{d}t} &= \frac{n_\mathrm{p}^2}{J}i_\mathrm{sq}\boldsymbol{\Psi}_\mathrm{s} - \frac{n_\mathrm{p}}{J}T_\mathrm{L} \\
\frac{\mathrm{d}\boldsymbol{\Psi}_\mathrm{s}}{\mathrm{d}t} &= -R_\mathrm{s}i_\mathrm{sd} + u_\mathrm{sd} \\
\frac{\mathrm{d}i_\mathrm{sd}}{\mathrm{d}t} &= -\frac{L_\mathrm{s}R_\mathrm{r} + L_\mathrm{r}R_\mathrm{s}}{\sigma L_\mathrm{s}L_\mathrm{r}}i_\mathrm{sd} + \frac{1}{\sigma L_\mathrm{s}T_\mathrm{r}}\boldsymbol{\Psi}_\mathrm{s} + (\omega_1 - \omega)i_\mathrm{sq} + \frac{u_\mathrm{sd}}{\sigma L_\mathrm{s}} \\
&= -\frac{L_\mathrm{s}R_\mathrm{r} + L_\mathrm{r}R_\mathrm{s}}{\sigma L_\mathrm{s}L_\mathrm{r}}i_\mathrm{sd} + \frac{1}{\sigma L_\mathrm{s}T_\mathrm{r}}\boldsymbol{\Psi}_\mathrm{s} + \omega_\mathrm{s}i_\mathrm{sq} + \frac{u_\mathrm{sd}}{\sigma L_\mathrm{s}} \\
\frac{\mathrm{d}i_\mathrm{sq}}{\mathrm{d}t} &= -\frac{1}{\sigma T_\mathrm{r}}i_\mathrm{sq} + \frac{1}{\sigma L_\mathrm{s}}(\omega_1 - \omega)(\boldsymbol{\Psi}_\mathrm{s} - \sigma L_\mathrm{s}i_\mathrm{sd}) \\
&= -\frac{1}{\sigma T_\mathrm{r}}i_\mathrm{sq} + \frac{1}{\sigma L_\mathrm{s}}\omega_\mathrm{s}(\boldsymbol{\Psi}_\mathrm{s} - \sigma L_\mathrm{s}i_\mathrm{sd})
\end{aligned}\right\} \quad (5-38)$$

电磁转矩表达式为

$$T_\mathrm{e} = n_\mathrm{p}i_\mathrm{sq}\boldsymbol{\Psi}_\mathrm{s} \quad (5-39)$$

定子磁链矢量的旋转角速度 ω_1 为

$$\omega_1 = \frac{\mathrm{d}\theta_{\Psi\mathrm{s}}}{\mathrm{d}t} = \frac{u_\mathrm{sq} - R_\mathrm{s}i_\mathrm{sq}}{\boldsymbol{\Psi}_\mathrm{s}} \quad (5-40)$$

显然,由上述动态模型可知,u_sd 决定着定子磁链幅值的衰减,而 u_sq 决定定子磁链矢量的旋转角速度,从而决定了转差频率和电磁转矩。

以两电平 PWM 逆变器驱动异步电动机为例,根据第四章中 SVPWM 原理部分的内容,逆变器输出 6 个有效工作矢量和 2 个矢量,输出电压矢量可分为六个扇区。当定子磁链的当前位置处于不同扇区时,不同的电压矢量作用将会产生不同的磁链增量和电磁转矩分量。以当前定子磁链矢量 $\boldsymbol{\Psi}_\mathrm{sI}$ 位于第Ⅰ扇区为例,矢量 u_2 可使定子磁链幅值增加,同时正向旋转;矢量 u_4 可使定子磁链幅值减小,同时正向旋转,如图 5-33 所示。以当前定子磁链矢量 $\boldsymbol{\Psi}_\mathrm{sⅢ}$ 位于第Ⅲ扇区为例,矢量 u_2 可使定子磁链幅值减小,同时方向旋转;矢量 u_4 可使定子磁链幅值增加,同时朝反向旋转。

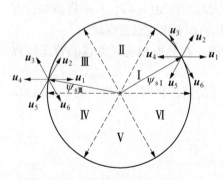

图 5-33 定子磁链圆形轨迹扇区图

为便于分析,将定子电压矢量按定子磁链矢量方向和垂直方向进行分解得到 u_sd 和 u_sq,u_sd 对定子磁链幅值有作用,u_sq 对转差频率和电磁转矩起作用,分别用"+""-"表示正作用、反作用,得到第Ⅰ扇区内,不同定子电压矢量的作用效果见表 5-1。

电机正转情况下,当 u_sd 作用为"+"时,定子磁链幅值加大;为"-"时,定子磁链幅值减小;为"0"时,定子磁链幅值维持不变。当 u_sq 作用为"+"时,定子磁链矢量正向旋转,转差频率增大,电流转矩分量和电磁转矩加大;为"-"时,定子磁链矢量反向旋转,电流转矩分量急剧变负,产生制动转矩;为"0"时,定子磁链矢量停在原地,转差频率为负,电流转矩分量和电磁转矩减小。同样的方法可以推广至不同扇区、不同运行状态。

表 5-1　第 I 扇区内不同定子电压矢量的作用效果

磁链位置	u_1	u_2	u_3	u_4	u_5	u_6	u_0、u_7
0	+, 0	+, +	−, +	−, 0	−, −	+, −	0, 0
$0 \sim \frac{\pi}{6}$	+, −	+, +	−, +	−, +	−, −	+, −	0, 0
$\frac{\pi}{6}$	+, −	+, +	0, +	−, +	−, −	0, −	0, 0
$\frac{\pi}{6} \sim \frac{\pi}{3}$	+, −	+, +	+, +	−, +	−, −	+, −	0, 0
$\frac{\pi}{3}$	+, −	+, 0	+, +	−, +	−, −	+, 0	0, 0

　　根据上述原理,交流异步电动机 DTC 控制系统的原理框图如图 5-34 所示,速度 ASR 调节器采用 PI 调节器,磁链和转矩调节器 AΨR 和 ATR 采用滞环控制器。

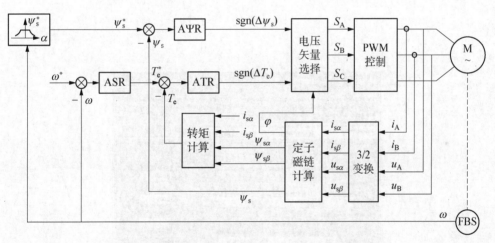

图 5-34　交流异步电动机 DTC 控制系统的原理框图

5.4.2　DTC 控制仿真设计

　　SimPowerSystems 库中集成了不同电机的控制系统仿真 Demo,如图 5-35 所示。本节以其中的交流异步电机 DTC 控制仿真 Demo(DTC induction motor drives)为例进行介绍。

　　交流异步电动机 DTC 仿真 Demo 包含五个输入口,分别是转速给定输入、负载给定输入、三相输入电源;包含四个输出口,分别是电机本身参数输出、逆变器参数输出、控制器参数输出和转子机械角速度。双击该仿真 Demo,共有三个参数设置对话框,分别是电机参数设置对话框、逆变器参数设置对话框和控制器参数设置对话框,分别如图 5-36a~c 所示,通过三个参数设置对话框的参数设置就可以对不同参数电机设计不同的驱动逆变器和控制器参数。

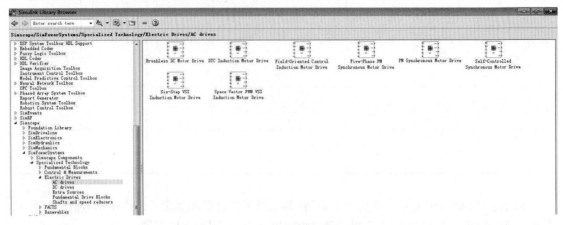

图 5-35　电机控制系统仿真 Demo

（a）电机参数设置对话框

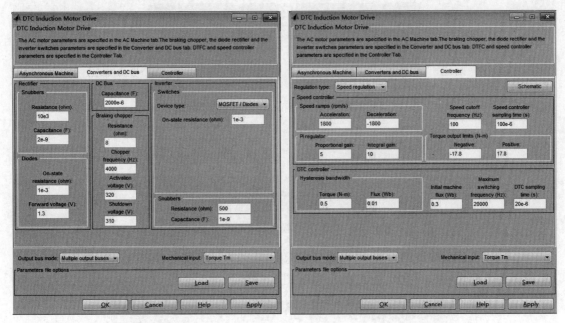

(b) 逆变器参数设置对话框　　　　　　(c) 控制器参数设置对话框

图 5 - 36　DTC 仿真 Demo 的参数设置对话框

　　打开 DTC 仿真 Demo 的封装，具体组成如图 5 - 37 所示。主电路包含了二极管不控整流、直流斩波模块、三相逆变器、测量模块和异步电动机模块；控制部分包括了转速调节器模块、DTC 控制模块和输出显示模块。

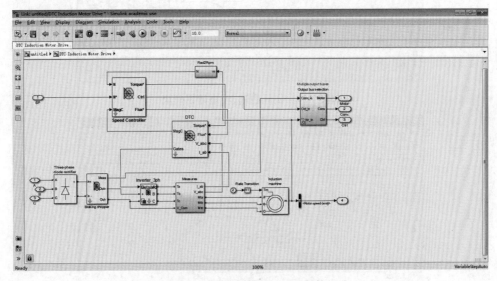

图 5 - 37　DTC 仿真 Demo 的具体组成

　　接着介绍 DTC 控制模块，它包含给定转矩、给定磁链、三相电压和电流四个输入端口，输出端口中有脉冲输出端口和磁链输出端口两个。双击 DTC 控制模块，其参数配置对话框如图 5 - 38 所示。

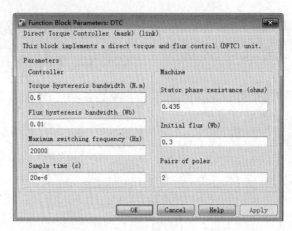

图 5-38　DTC 控制模块的参数配置对话框

　　打开 DTC 控制模块的封装,可以看到实际磁链、转矩计算模块(图 5-39),基于滞环的磁链、转矩调节模块(图 5-40),查表输出模块(图 5-41)。

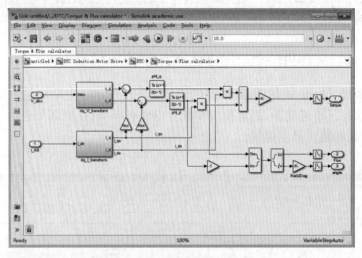

图 5-39　实际磁链、转矩计算模块

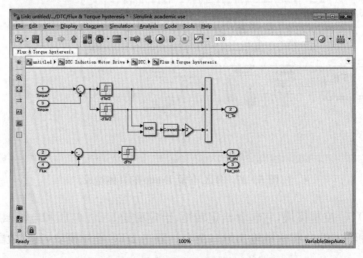

图 5-40　基于滞环的磁链、转矩调节模块

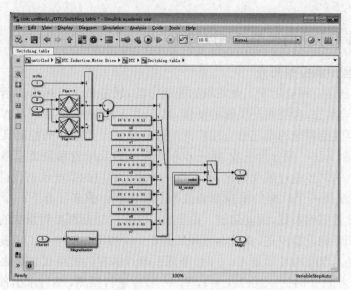

图 5-41 查表输出模块

基于 DTC 仿真 Demo 搭建的仿真模型如图 5-42 所示,在 $t=0\,\mathrm{s}$ 时,电机以 $500\,\mathrm{r/min}$ 带额定负载启动;在 $t=1\,\mathrm{s}$ 时,转速降为 0;在 $t=1.5\,\mathrm{s}$ 时,负载从正跳变到负值,仿真结果如图 5-43 所示。

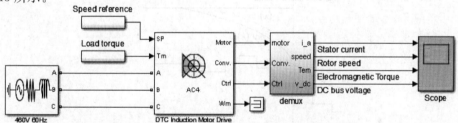

图 5-42 交流异步电动机的 DTC 控制仿真模型

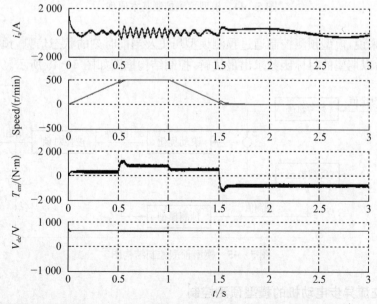

图 5-43 交流异步电动机的 DTC 控制仿真波形

5.5 交流异步电动机的模型预测控制

5.5.1 模型预测控制简介

模型预测控制是一种应用于工业领域的控制方法,通过最优目标价值函数直接选出逆变器的最优开关组合状态,来控制开关管的动作,具有动态响应快、适用于多参数目标优化等优点,是交流电机高性能调速的第三种应用广泛的控制算法。模型预测控制又称为滚动时域控制。模型预测控制算法一般分为三步:第一步利用系统的采样值和系统模型来预测下一时刻的系统状态变量;第二步通过滚动优化,根据每一种输出对应的系统状态及目标函数选出最优的解;第三步,系统每一个时刻的采样都要依据当前的误差值来计算下一个时刻控制量的变化,以新的参数代替旧的参数,滚动向前。由于每一个采样时刻都要对系统的信息进行修正和监控,所以形成闭环的反馈校正,其基本原理如图 5-44 所示。图中 $y_r(k)$ 表示的是输出的期望线,r 为设定值。当前的时刻是 $k=0$ 时,坐标系原点的左边曲线代表过去的情况。可以通过预测模型对未来 P 个时刻 $y_M(k)(k=1, 2, \cdots, P)$ 进行预测,然后求出预测值与给定值的偏差,通过差值计算出 m 个时刻的控制量 $u(k)(k=0, 1, \cdots, m-1)$,这 m 个时刻为当前和未来时刻的偏差最小。

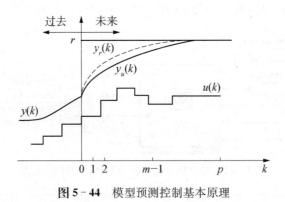

图 5-44 模型预测控制基本原理

再进一步来说,模型预测控制通过预测模型历史及当前时刻的状态信息,预测出未来时刻状态信息,最后以期望的目标函数求出最优解,控制结构框图如图 5-45 所示。

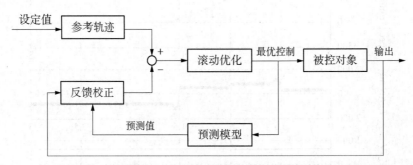

图 5-45 模型预测控制结构图

5.5.2 交流异步电动机的模型预测控制

交流电机的模型预测根据预测变量的不同可分为预测电流控制、预测转速控制和预测转矩控制。本节在 5.3 节基于转子磁链定向的矢量控制基础上,进行模型预测电流控制。基本控制思路为:通过外环给定的磁链 Ψ_r^* 与磁链观测器观测的磁链 Ψ_r 之差经过 PI 调节器,输出得到磁链电流指令 i_{sd}^*;同理,通过给定转速 ω_r^* 与编码器测定转速 ω_r 之差经过 PI 调节器,输出得到转矩电流指令 i_{sq}^*,经过 $2\,r/2\,s$ 坐标变换后得到两相静止坐标系下的电流参考值 $i_{s\alpha}^*$ 和 $i_{s\beta}^*$;接着将电流参考值、转子转速、转子磁链、电流实际反馈值共同输入到预测控制器中。通过最优目标函数,直接选择出逆变器开关状态作用于逆变器,最后通过逆变器输出最优的电压矢量来驱动电机。其原理结构图如图 5-46 所示。

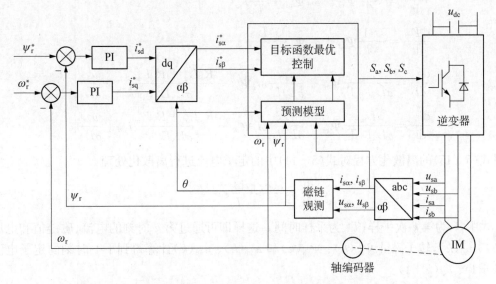

图 5-46 基于转子磁链定向的异步电机模型预测电流控制结构框图

从控制结构框图可以看出,控制系统主要包含预测控制器及磁链观测器两部分,其中转子磁链观测器已在 5.3.2 节中介绍,本节主要介绍预测控制器的设计。

1) 预测模型建立

要设计控制系统的预测控制器,就要建立被控对象的离散时间状态方程。为了简化控制结构,本节选择两相静止坐标系下建立异步电机的状态方程。第一步建立的是时间连续的电机状态方程,且选择定子电流 $i_{s\alpha}$、$i_{s\beta}$ 和转子磁链 $\Psi_{r\alpha}$、$\Psi_{r\beta}$ 作为状态变量,定子电压 $u_{s\alpha}$ 和 $u_{s\beta}$ 作为控制变量,同时认为电机转速在一个控制周期内为常数。

异步电动机在两相静止坐标系下的磁链、转子电流和转矩方程可描述为

$$\left.\begin{array}{l} \dfrac{\mathrm{d}\Psi_{s\alpha}}{\mathrm{d}t} = -R_s i_{s\alpha} + u_{s\alpha} \\[2mm] \dfrac{\mathrm{d}\Psi_{s\beta}}{\mathrm{d}t} = -R_s i_{s\beta} + u_{s\beta} \\[2mm] \dfrac{\mathrm{d}\Psi_{r\alpha}}{\mathrm{d}t} = -R_r i_{r\alpha} - \omega_r \Psi_{r\beta} \\[2mm] \dfrac{\mathrm{d}\Psi_{r\beta}}{\mathrm{d}t} = -R_r i_{r\beta} + \omega_r \Psi_{r\alpha} \end{array}\right\} \tag{5-41}$$

$$i_{r\alpha} = \frac{1}{L_r}(\Psi_{r\alpha} - L_m i_{s\alpha})$$
$$i_{r\beta} = \frac{1}{L_r}(\Psi_{r\beta} - L_m i_{s\beta})$$

(5-42)

$$T_e = \frac{3}{2}\frac{n_p L_m}{L_r}(\Psi_{r\alpha} i_{s\beta} - \Psi_{r\beta} i_{s\alpha})$$

(5-43)

联立上述方程,可得

$$\frac{d\Psi_{r\alpha}}{dt} = -\frac{1}{T_r}\Psi_{r\alpha} - \omega_r \Psi_{r\beta} + \frac{L_m}{T_r}i_{s\alpha}$$
$$\frac{d\Psi_{r\beta}}{dt} = -\frac{1}{T_r}\Psi_{r\beta} + \omega_r \Psi_{r\alpha} + \frac{L_m}{T_r}i_{s\beta}$$
$$\frac{di_{s\alpha}}{dt} = \frac{L_m}{\sigma L_s L_r T_r}\Psi_{r\alpha} + \frac{L_m}{\sigma L_s L_r}\omega_r \Psi_{r\beta} - \frac{R_s L_r^2 + R_r L_m^2}{\sigma L_s L_r^2}i_{s\alpha} + \frac{u_{s\alpha}}{\sigma L_s}$$
$$\frac{di_{s\beta}}{dt} = \frac{L_m}{\sigma L_s L_r T_r}\Psi_{r\beta} - \frac{L_m}{\sigma L_s L_r}\omega_r \Psi_{r\alpha} - \frac{R_s L_r^2 + R_r L_m^2}{\sigma L_s L_r^2}i_{s\beta} + \frac{u_{s\beta}}{\sigma L_s}$$

(5-44)

按照式(5-45)的离散化方程对式(5-44)中的定子电流进行离散化处理:

$$\frac{di}{dt} = \frac{i(k+1) - i(k)}{T_s}$$

(5-45)

式中,k 为第 k 次采样;T_s 为采样时间。这样即可通过第 k 时刻的电流、磁链值和电压值 $i_{s\alpha}(k)$、$i_{s\beta}(k)$,转子磁链 $\Psi_{r\alpha}(k)$、$\Psi_{r\beta}(k)$ 和 $u_{s\alpha}(k)$、$u_{s\beta}(k)$ 计算得到下一时刻的定子电流值 $i_{s\alpha}(k+1)$、$i_{s\beta}(k+1)$。

2)目标函数建立

对于两电平 PWM 逆变器驱动异步电动机而言,每个计算周期内,有 8 个定子电压矢量可选择,即对应 8 个不同的定子电流值;通过设置目标函数进行 8 次滚动寻优,即可选择适合的定子电压矢量。本书采用最简单的电流跟踪最优方式设置目标函数(下一时刻的电流值最接近给定电流值),如式(5-46)所示:

$$J(k) = |i_{s\alpha}^*(k+1) - i_{s\alpha}(k+1)| + |i_{s\beta}^*(k+1) - i_{s\beta}(k+1)|$$

(5-46)

5.5.3 交流异步电动机的模型预测控制仿真设计

为了验证模型预测控制策略的有效性与可行性,本小节搭建了基于上述控制算法的异步电机控制系统的仿真模型。仿真采用的异步电机参数见表 5-2。

表 5-2 仿真用异步电动机参数

参数	数值	参数	数值
功率/kW	0.75	互感/mH	27
额定功率/V	380	转子电感/mH	36
额定频率/Hz	50	额定电流/A	4.2
定子电感/mH	24	极对数	2
定子电阻/Ω	3.062	转子电阻/Ω	1.879

一般为了更加方便地进行仿真,可将电机定子电流的励磁分量在静态运行时设为常数,所搭建的仿真模型如图 5-47 所示,其中模型预测算法采用基于 s-function 来编写(见本书附录)。

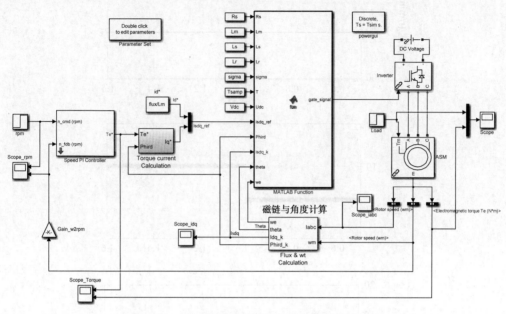

图 5-47 异步电动机模型预测控制系统仿真框图

仿真条件设置为:初始时刻到 1 s 的时候设定额定转速为 1 430 r/min,1~2 s 的时候减速为 500 r/min。并且在 1.6 s 时由空载突增负载到 5 N·m。具体仿真波形如图 5-48、图 5-49 所示。

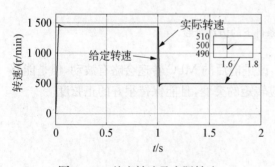

图 5-48 给定转速及实际转速

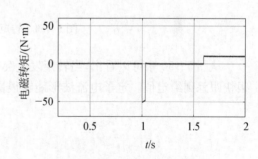

图 5-49 MPC 电磁转矩

从图 5-48、图 5-49 可以得出,当初始电机转速从零上升到 1 430 r/min,经过很短的响应时间就到达了给定的转速值,说明 MPC 控制系统具有较快的动态响应速度。当 t=1.6 s 时负载由空载突然增加到 5 N·m,从细节放大图可以看出,转速响应的时间非常短,同时转速下降幅度非常小,仅为 3 r/min 左右,可以看出在 t=1.65 s 电机已经恢复到给定的速度。

接着进行模型预测电流的动态性能仿真,当负载在 1 s 时,由初始负载 2 N·m 突变为 10 N·m,转速给定维持 1 000 r/min 不变,此时的转速、电磁转矩定子电流波形如图 5-50 所示,控制效果比较理想。

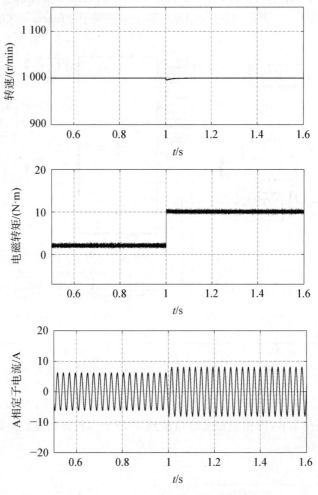

图 5 - 50 转矩突变条件下的仿真波形

从图 5-50 中可以看出,当转矩发生突变时,改进前后的 MPC 转速会略有波动,但是能够很快跟踪到给定值。定子电流波形能够很快响应转矩的突变,且能保持很好的正弦度。

附录

仿真源代码

1. 两电平 SVPWM 采用自建函数时的代码程序

```
function[cmp1,cmp2,cmp3] = Get_time(Ualpha,Ubeta,T,Ud)
%variable definition
Ur1 = Ubeta;
Ur2 = sqrt(3) * Ualpha − Ubeta;
Ur3 = −1 * Ualpha * sqrt(3) − Ubeta;
BS = 0;     %Big sector variable
t1 = 0;t2 = 0;t3 = 0;
T11 = 0;T22 = 0;
%Big sector definition
if   (Ur1>0)
    A = 1;
else
    A = 0;
end
if   (Ur2>0)
    B = 1;
else
    B = 0;
end
if   (Ur3>0)
    C = 1;
else
    C = 0;
end
N = A + 2 * B + 4 * C;   %transformation variable
switch N
  case 1,BS = 2;
  case 2,BS = 6;
  case 3,BS = 1;
  case 4,BS = 4;
  case 5,BS = 3;
  case 6,BS = 5;
end
%basic time X Y Z
```

```
X = sqrt(3) * T * Ubeta/Ud;
Y = (sqrt(3) * Ubeta + 3 * Ualpha) * T/(2 * Ud);
Z = (sqrt(3) * Ubeta - 3 * Ualpha) * T/(2 * Ud);
switch BS
    case 1,
        T11 = ( - 1) * Z;T22 = X;
    case 2,
        T11 = Z;T22 = Y;
    case 3,
        T11 = X;T22 = ( - 1) * Y;
    case 4,
        T11 = ( - 1) * X;T22 = Z;
    case 5,
        T11 = ( - 1) * Y;T22 = ( - 1) * Z;
    case 6,
        T11 = Y;T22 = ( - 1) * X;
end
if   (T11 + T22>T)
    T1 = T11/(T11 + T22) * T;
    T2 = T22/(T11 + T22) * T;
else
    T1 = T11;
    T2 = T22;
end
        ta = (T - T1 - T2)/4;
        tb = ta + T1/2;
        tc = tb + T2/2;
% Time distribution
switch BS
    case 1,
            t1 = ta;
            t2 = tb;
            t3 = tc;
    case 2,
            t1 = tb;
            t2 = ta;
            t3 = tc;

    case 3,
            t1 = tc;
            t2 = ta;
            t3 = tb;

    case 4,
```

```
                t1 = tc;
                t2 = tb;
                t3 = ta;

        case 5,
                t1 = tb;
                t2 = tc;
                t3 = ta;
        case 6,
                t1 = ta;
                t2 = tc;
                t3 = tb;
end
cmp1 = t1;
cmp2 = t2;
cmp3 = t3;
```

2. 三电平 SVPWM 采用自建函数时的代码程序

```
function[Tcmp_ua,Tcmp_ub,Tcmp_va,Tcmp_vb,Tcmp_wa,Tcmp_wb,f1] =
SVPWM_3L_FUC(Ualpha,Ubeta,Ud,Ts,ia,ib,ic,U1,U2,Cd)
% Judge the big Sector
Vref1 = Ubeta;
Vref2 = sqrt(3) * Ualpha - Ubeta;
Vref3 = (0 - sqrt(3) * Ualpha) - Ubeta;
Big_Sector = 0;
if(Vref1>0)
    A = 1;
else
    A = 0;
end
if(Vref2>0)
    B = 1;
else
    B = 0;
end
if(Vref3>0)
    C = 1;
else
    C = 0;
end
N = A + 2 * B + 4 * C;
switch N
    case 1,
        Big_Sector = 2;%  60~120
```

```
    case 2,
        Big_Sector = 6;%  300~360
    case 3,
        Big_Sector = 1;%  0~60
    case 4,
        Big_Sector = 4;%  180~240
    case 5,
        Big_Sector = 3;%  120~180
    case 6,
        Big_Sector = 5;%  240~300
end
%Judge the small sector
Small_Sector = 0;
theta = 0;Delta_theta = 0;
theta = atan(Ubeta/Ualpha);
if(Ualpha>0)
  switch(Big_Sector)
    case 1,
        Delta_theta = theta;
    case 2,
        Delta_theta = theta - pi/3;
    case 5,
        Delta_theta = 2 * pi/3 + theta;
    case 6,
        Delta_theta = pi/3 + theta;
  end
else
    switch(Big_Sector)
      case 2,
        Delta_theta = 2 * pi/3 + theta;
      case 3,
        Delta_theta = pi/3 + theta;
      case 4,
        Delta_theta = theta;
      case 5,
        Delta_theta = theta - pi/3;
    end
end
Uref = sqrt(Ualpha * Ualpha + Ubeta * Ubeta);
m = sqrt(3) * Uref/Ud;

if(2 * m * sin(Delta_theta + pi/3)<1)
  Small_Sector = 1;%A
elseif((2 * m * sin(Delta_theta + pi/3)> = 1)&&(2 * m * sin(pi/3 - Delta_theta)<1)&&(2 * m * sin(Delta_
```

```
theta)<=1))
    Small_Sector = 2;%B
elseif((Delta_theta<=pi/6)&&(2 * m * sin(pi/3 - Delta_theta)>=1))
    Small_Sector = 3;%C
elseif((Delta_theta>pi/6)&&(2 * m * sin(Delta_theta)>1))
    Small_Sector = 4;%D
end
% - -Calculate the Tua Tub Tva Tvb Twa Twb - -
t1 = 0;t2 = 0;t3 = 0;
Tua = 0;Tub = 0;Tva = 0;Tvb = 0;Twa = 0;Twb = 0;
switch(Small_Sector)
    case 1,
        t1 = Ts * 2 * m * sin(pi/3 - Delta_theta);
        t2 = Ts * (1 - 2 * m * sin(Delta_theta + pi/3));
        t3 = Ts * 2 * m * sin(Delta_theta);
    case 2,
        t1 = Ts * (1 - 2 * m * sin(Delta_theta));
        t2 = Ts * (2 * m * sin(pi/3 + Delta_theta) - 1);
        t3 = Ts * (1 - 2 * m * sin(pi/3 - Delta_theta));
    case 3,
        t1 = Ts * 2 * (1 - m * sin(Delta_theta + pi/3));
        t2 = Ts * 2 * m * sin(Delta_theta);
        t3 = Ts * (2 * m * sin(pi/3 - Delta_theta) - 1);
    case 4,
        t1 = Ts * 2 * (1 - m * sin(2 * pi/3 - Delta_theta));
        t2 = Ts * (2 * m * sin(Delta_theta) - 1);
        t3 = Ts * 2 * m * sin(pi/3 - Delta_theta);
end
if(t1 + t2 + t3>Ts)
    tmp = t1 + t2 + t3;
    t1 = t1/tmp * Ts;
    t2 = t2/tmp * Ts;
    t3 = t3/tmp * Ts;
end
%------------------------------------------------------------
----
f1 = 0;
t1p = 0;
t1n = 0;
switch(Big_Sector)
    case 1,
        switch(Small_Sector)
            case 1,
                f1 = ( - Cd * (U2 - U1) - t3 * ic)/t1/ia;
```

```
        if(f1>1)
            f1 = 1;
        elseif(f1<-1)
            f1 = -1;
        end
        t1p = (1 + f1) * (t1/2);
        t1n = (1 - f1) * (t1/2);
        Tua = t1p;
        Tub = Ts;
        Tva = 0;
        Tvb = Ts - t1n;
        Twa = 0;
        Twb = t2 + t1p;
    case 2,
        f1 = (-Cd * (U2 - U1) - t3 * ic + t2 * ib)/t1/ia;
        if(f1>1)
            f1 = 1;
        elseif(f1<-1)
            f1 = -1;
        end
        t1p = (1 + f1) * (t1/2);
        t1n = (1 - f1) * (t1/2);
        Tua = t2 + t1p;
        Tub = Ts;
        Tva = 0;
        Tvb = Ts - t1n;
        Twa = 0;
        Twb = t1p;
    case 3,
        f1 = (-Cd * (U2 - U1) + t2 * ib)/t1/ia;

        if(f1>1)
            f1 = 1;
        elseif(f1<-1)
            f1 = -1;
        end
        t1p = (1 + f1) * (t1/2);
        t1n = (1 - f1) * (t1/2);
        Tua = Ts - t1n;
        Tub = Ts;
        Tva = 0;
        Tvb = t2 + t1p;
        Twa = 0;
        Twb = t1p;
```

```
        case 4,
            f1 = ( - Cd * (U2 - U1) - t3 * ib)/( - t1 * ic);
            if(f1>1)
                f1 = 1;
            elseif(f1< - 1)
                f1 = - 1;
            end
            t1p = (1 + f1) * (t1/2);
            t1n = (1 - f1) * (t1/2);
            Tua = Ts - t1n;
            Tub = Ts;
            Tva = t2 + t1p;
            Tvb = Ts;
            Twa = 0;
            Twb = t1p;
    end
case 2,
    switch(Small_Sector)
        case 1,
            f1 = ( - Cd * (U2 - U1) - t3 * ib)/( - t1 * ic);
            if(f1>1)
                f1 = 1;
            elseif(f1< - 1)
                f1 = - 1;
            end
            t1p = (1 + f1) * (t1/2);
            t1n = (1 - f1) * (t1/2);
            Tua = t1p;
            Tub = Ts;
            Tva = t3 + t1p;
            Tvb = Ts;
            Twa = 0;
            Twb = Ts - t1n;
        case 2,
            f1 = ( - Cd * (U2 - U1) - t3 * ib + t2 * ia)/( - t1 * ic);
            if(f1>1)
                f1 = 1;
            elseif(f1< - 1)
                f1 = - 1;
            end
            t1p = (1 + f1) * (t1/2);
            t1n = (1 - f1) * (t1/2);
            Tua = t1p;
            Tub = Ts;
```

```
            Tva = Ts − t1n;
            Tvb = Ts;
            Twa = 0;
            Twb = t3 + t1p;
        case 3,
            f1 = ( − Cd ∗ (U2 − U1) + t2 ∗ ia)/( − t1 ∗ ic);
            if(f1>1)
                f1 = 1;
            elseif(f1< − 1)
                f1 = − 1;
            end
            t1p = (1 + f1) ∗ (t1/2);
            t1n = (1 − f1) ∗ (t1/2);
            Tua = t3 + t1p;
            Tub = Ts;
            Tva = Ts − t1n;
            Tvb = Ts;
            Twa = 0;
            Twb = t1p;
        case 4,
            f1 = ( − Cd ∗ (U2 − U1) + t3 ∗ ia)/t1/ib;

            if(f1>1)
                f1 = 1;
            elseif(f1< − 1)
                f1 = − 1;
            end
            t1p = (1 + f1) ∗ (t1/2);
            t1n = (1 − f1) ∗ (t1/2);
            Tua = 0;
            Tub = t3 + t1p;
            Tva = Ts − t1n;
            Tvb = Ts;
            Twa = 0;
            Twb = t1p;
    end
case 3,
    switch(Small_Sector)
        case 1,
            f1 = ( − Cd ∗ (U2 − U1) − t3 ∗ ia)/t1/ib;
            if(f1>1)
                f1 = 1;
            elseif(f1< − 1)
                f1 = − 1;
```

```
          end
          t1p = (1 + f1) * (t1/2);
          t1n = (1 - f1) * (t1/2);
          Tua = 0;
          Tub = t2 + t1p;
          Tva = t1p;
          Tvb = Ts;
          Twa = 0;
          Twb = Ts - t1n;
     case 2,
          f1 = ( - Cd * (U2 - U1) - t3 * ia + t2 * ic)/t1/ib;
          if(f1>1)
             f1 = 1;
          elseif(f1< - 1)
             f1 = - 1;
          end
          t1p = (1 + f1) * (t1/2);
          t1n = (1 - f1) * (t1/2);
          Tua = 0;
          Tub = t1p;
          Tva = t2 + t1p;
          Tvb = Ts;
          Twa = 0;
          Twb = Ts - t1n;
     case 3,
          f1 = ( - Cd * (U2 - U1) + t2 * ic)/t1/ib;
          if(f1>1)
             f1 = 1;
          elseif(f1< - 1)
             f1 = - 1;
          end
          t1p = (1 + f1) * (t1/2);
          t1n = (1 - f1) * (t1/2);
          Tua = 0;
          Tub = t1p;
          Tva = Ts - t1n;
          Tvb = Ts;
          Twa = 0;
          Twb = t2 + t1p;
     case 4,
          f1 = ( - Cd * (U2 - U1) + t3 * ic)/( - t1 * ia);
          if(f1>1)
             f1 = 1;
          elseif(f1< - 1)
```

```
                f1 = -1;
            end
            t1p = (1 + f1) * (t1/2);
            t1n = (1 - f1) * (t1/2);
            Tua = 0;
            Tub = t1p;
            Tva = Ts - t1n;
            Tvb = Ts;
            Twa = t2 + t1p;
            Twb = Ts;
        end
    case 4,
        switch(Small_Sector)
            case 1,
                f1 = -(Cd * (U2 - U1) - t3 * ic)/(-t1 * ia);
                if(f1>1)
                    f1 = 1;
                elseif(f1< -1)
                    f1 = -1;
                end
                t1p = (1 + f1) * (t1/2);
                t1n = (1 - f1) * (t1/2);
                Tua = 0;
                Tub = Ts - t1n;
                Tva = t1p;
                Tvb = Ts;
                Twa = t3 + t1p;
                Twb = Ts;
            case 2,
                f1 = -(Cd * (U2 - U1) - t3 * ic + t2 * ib)/(-t1 * ia);
                if(f1>1)
                    f1 = 1;
                elseif(f1< -1)
                    f1 = -1;
                end
                t1p = (1 + f1) * (t1/2);
                t1n = (1 - f1) * (t1/2);
                Tua = 0;
                Tub = t3 + t1p;
                Tva = t1p;
                Tvb = Ts;
                Twa = Ts - t1n;
                Twb = Ts;
            case 3,
```

```
        f1 = ( - Cd * (U2 - U1) + t2 * ib)/( - t1 * ia);
        if(f1>1)
            f1 = 1;
        elseif(f1< - 1)
            f1 = - 1;
        end
        t1p = (1 + f1) * (t1/2);
        t1n = (1 - f1) * (t1/2);
        Tua = 0;
        Tub = t1p;
        Tva = t3 + t1p;
        Tvb = Ts;
        Twa = Ts - t1n;
        Twb = Ts;
    case 4,
        f1 = ( - Cd * (U2 - U1) + t3 * ib)/t1/ic;
        if(f1>1)
            f1 = 1;
        elseif(f1< - 1)
            f1 = - 1;
        end
        t1p = (1 + f1) * (t1/2);
        t1n = (1 - f1) * (t1/2);
        Tua = 0;
        Tub = t1p;
        Tva = 0;
        Tvb = t3 + t1p;
        Twa = Ts - t1n;
        Twb = Ts;
    end
case 5,
    switch(Small_Sector)
        case 1,
            f1 = ( - Cd * (U2 - U1) - t3 * ib)/t1/ic;
            if(f1>1)
                f1 = 1;
            elseif(f1< - 1)
                f1 = - 1;
            end
            t1p = (1 + f1) * (t1/2);
            t1n = (1 - f1) * (t1/2);
            Tua = 0;
            Tub = Ts - t1n;
            Tva = 0;
```

```
        Tvb = t2 + t1p;
        Twa = t1p;
        Twb = Ts;
    case 2,
        f1 = ( - Cd * (U2 - U1) - t3 * ib + t2 * ia)/t1/ic;
        if(f1>1)
            f1 = 1;
        elseif(f1< - 1)
            f1 = - 1;
        end
        t1p = (1 + f1) * (t1/2);
        t1n = (1 - f1) * (t1/2);
        Tua = 0;
        Tub = Ts - t1n;
        Tva = 0;
        Tvb = t1p;
        Twa = t2 + t1p;
        Twb = Ts;
    case 3,
        f1 = ( - Cd * (U2 - U1) + t2 * ia)/t1/ic;
        if(f1>1)
            f1 = 1;
        elseif(f1< - 1)
            f1 = - 1;
        end
        t1p = (1 + f1) * (t1/2);
        t1n = (1 - f1) * (t1/2);
        Tua = 0;
        Tub = t2 + t1p;
        Tva = 0;
        Tvb = t1p;
        Twa = Ts - t1n;
        Twb = Ts;
    case 4,
        f1 = ( - Cd * (U2 - U1) + t3 * ia)/( - t1 * ib);
        if(f1>1)
            f1 = 1;
        elseif(f1< - 1)
            f1 = - 1;
        end
        t1p = (1 + f1) * (t1/2);
        t1n = (1 - f1) * (t1/2);
        Tua = t2 + t1p;
        Tub = Ts;
```

```
                    Tva = 0;
                    Tvb = t1p;
                    Twa = Ts − t1n;
                    Twb = Ts;
        end
case 6,
    switch(Small_Sector)
        case 1,
                f1 = ( − Cd * (U2 − U1) − t3 * ia)/( − t1 * ib);
                if(f1>1)
                    f1 = 1;
                elseif(f1< − 1)
                    f1 = − 1;
                end
                t1p = (1 + f1) * (t1/2);
                t1n = (1 − f1) * (t1/2);
                Tua = t3 + t1p;
                Tub = Ts;
                Tva = 0;
                Tvb = Ts − t1n;
                Twa = t1p;
                Twb = Ts;
        case 2,
                f1 = ( − Cd * (U2 − U1) − t3 * ia + t2 * ic)/( − t1 * ib);
                if(f1>1)
                    f1 = 1;
                elseif(f1< − 1)
                    f1 = − 1;
                end
                t1p = (1 + f1) * (t1/2);
                t1n = (1 − f1) * (t1/2);
                Tua = Ts − t1n;
                Tub = Ts;
                Tva = 0;
                Tvb = t3 + t1p;
                Twa = t1p;
                Twb = Ts;
        case 3,
                f1 = ( − Cd * (U2 − U1) + t2 * ic)/( − t1 * ib);
                if(f1>1)
                    f1 = 1;
                elseif(f1< − 1)
                    f1 = − 1;
                end
```

```
                  t1p = (1 + f1) * (t1/2);
                  t1n = (1 - f1) * (t1/2);
                  Tua = Ts - t1n;
                  Tub = Ts;
                  Tva = 0;
                  Tvb = t1p;
                  Twa = t3 + t1p;
                  Twb = Ts;
            case 4,
                  f1 = (- Cd * (U2 - U1) + t3 * ic)/t1/ia;
                  if(f1>1)
                     f1 = 1;
                  elseif(f1< - 1)
                     f1 = - 1;
                  end
                  t1p = (1 + f1) * (t1/2);
                  t1n = (1 - f1) * (t1/2);
                  Tua = Ts - t1n;
                  Tub = Ts;
                  Tva = 0;
                  Tvb = t1p;
                  Twa = 0;
                  Twb = t3 + t1p;
        end
end
Tcmp_ua = (Ts - Tua)/2;
Tcmp_ub = (Ts - Tub)/2;
Tcmp_va = (Ts - Tva)/2;
Tcmp_vb = (Ts - Tvb)/2;
Tcmp_wa = (Ts - Twa)/2;
Tcmp_wb = (Ts - Twb)/2;
```

3. 两电平逆变器驱动异步电动机的预测电流控制代码

```
function gate_signal = fcn(Rs,Lm,Ls,Lr,sigma,T,Udc,isdq_ref,Phird,isdq_k,theta,we)
% #codegen
%% 函数描述
% 输入：
%    Rs,Lm,Ls,Lr,sigma,Phird:电机参数
%    isdq_ref:参考电流(A)
%    T:采样时间(s)
%    we:同步转速(rad/s)
%    theta:转子磁场角度(rad)
%    idq_k:k 时刻 dq 坐标系下电流值
%    输出：
```

```
%     gate_signal:逆变器的驱动信号


%% 获取电机参数并初始化中间变量
s_abc=[0 0 0;1 0 0;1 1 0;0 1 0;0 1 1;0 0 1;1 0 1;1 1 1];          % 预置8个开关状态
g=Inf;        % 初始化价值函数
j=0;          % 开关向量系数取值
%%计算不同输出电压矢量下的价值函数
for  i=1:7
    udq_k=2*Udc/3*[cos(theta)sin(theta);-sin(theta)cos(theta)]
        *([1-1/2-1/2;0 sqrt(3)/2-sqrt(3)/2]*
s_abc(i,:)');               % 计算 k 时刻 dq 坐标系下的 udq
    isd_k1=(1-Rs/sigma/Ls*T)* isdq_k(1)+we*T*isdq_k(2)+...
      T/sigma/Ls*udq_k(1);     % 计算 k1 时刻 dq 坐标系下的 isd;k1=k+1
    isq_k1=(1-Rs/sigma/Ls*T)*isdq_k(2)-we*T*isdq_k(1)+...
      T/sigma/Ls*udq_k(2)-we*Lm*T*Phird/sigma/Ls/Lr;      % 计算 k1 时刻 dq 坐标系下的 isq;
k1=k+1
    g_temp=(isd_k1-isdq_ref(1))^2+(isq_k1-
isdq_ref(2))^2;       % 计算价值函数
    if   g_temp<g      % 取最优解
      g=g_temp;
      j=i;
    end
end
s_abc_k1=s_abc(j,:);% 根据预测结果,输出下一时刻开关矢量
gate_signal=[s_abc_k1(1)1-s_abc_k1(1)s_abc_k1(2)1-s_abc_k1(2)
    s_abc_k1(3)1-s_abc_k1(3)]';% 输出逆变器用的驱动信号
```

参 考 文 献

[1] 王楠,沈倪勇,莫正康.电力电子应用技术[M].4版.北京:机械工业出版社,2015.
[2] 王楠.电力电子应用技术[M].5版.北京:机械工业出版社,2020.
[3] 阮毅,杨影,陈伯时.电力拖动自动控制系统——运动控制系统[M].5版.北京:机械工业出版社,2017.
[4] 张兴,张崇巍.PWM整流器及其控制[M].北京:机械工业出版社,2013.
[5] 杜飞,林欣.电力电子应用技术的MATLAB仿真[M].北京:中国电力出版社,2009.